高等职业教育土建施工类专业融媒体创新系列教材

建筑 CAD

主 编 任鲁宁

中国建筑工业出版社

图书在版编目（CIP）数据

建筑CAD / 任鲁宁主编. —北京 ：中国建筑工业出版社，2023.6

高等职业教育土建施工类专业融媒体创新系列教材

ISBN 978-7-112-28814-4

Ⅰ．①建… Ⅱ．①任… Ⅲ．①建筑设计–计算机辅助设计–AutoCAD软件–高等职业教育–教材 Ⅳ．①TU201.4

中国国家版本馆CIP数据核字（2023）第103714号

责任编辑：张 健 司 汉
责任校对：孙 莹

高等职业教育土建施工类专业融媒体创新系列教材

建筑 CAD

主 编 任鲁宁

*

中国建筑工业出版社出版、发行（北京海淀三里河路9号）

各地新华书店、建筑书店经销

北京鸿文瀚海文化传媒有限公司制版

常州市大华印刷有限公司印刷

*

开本：787毫米×1092毫米 1/16 印张：$12\frac{1}{4}$ 字数：243千字

2024年5月第一版 2024年5月第一次印刷

定价：58.00元（赠教师课件）

ISBN 978-7-112-28814-4

（40673）

总序
Prologue

近年来，国家高度重视职业教育发展，陆续发布《国家职业教育改革实施方案》《职业院校教材管理办法》《关于推动现代职业教育高质量发展的意见》《中华人民共和国职业教育法》等多项法律法规和政策文件，职业教育迎来了大发展的历史机遇。教材建设属于国家事权，职业院校教材是教学的重要依据、培养人才的重要保障，必须体现党和国家意志，建设一批内容科学先进、编排科学合理、符合课标要求的专业课程教材是职教改革的重要任务。

我们正处在信息技术飞速发展的全媒体时代，教师与学生的"教与学"模式已然发生转变，要运用现代信息技术改进教学方式方法，适应"互联网＋职业教育"发展需求；职业院校教材应符合技术技能人才成长规律和学生认知特点，充分反映产业发展最新进展，对接科技发展趋势和市场需求，及时吸收比较成熟的新技术、新工艺、新材料、新规范，专业教材随信息技术发展、产业升级和技术进步及时动态更新。如何打造具备时代特点、满足教学需求的职业教育教材，是编者、出版单位需要认真思考的重要课题。

"高等职业教育土建施工类专业融媒体创新系列教材"正是为了适应新时期我国建筑工业化、数字化、智能化升级对土建类高素质人才的需求，而组织职业院校的优秀教师、重点企业专家编写的，教材形式新颖、内容简明易懂、数字化资源丰富，满足信息化和个性化教学的需要，凸显新形态教材的特点，具备"先进性、规范性、职业性、实践性"的特点。未来，本系列教材会根据新技术、新工艺、新材料、新设备的发展不断优化完善，依托网络平台动态更新，满足院校师生的教学要求。

本套教材的出版，凝聚了各位编写人员、审查人员及编辑的辛勤劳动，得到了有关院校的大力支持。上海盛尚文化传播有限公司在教材策划及配套数字资源的建设方面做出了很大贡献。大家的共同努力，为本套教材的高质量出版提供了保障。希望本套教材的出版能满足广大院校的要求，为建设行业的人才培养做出贡献。

胡兴福

2022 年 9 月

前言
Foreword

本教材是按照高等职业教育要求，以培养高素质技能型人才、注重实践操作能力和全面推进素质教育的需要为编写目标，结合行业职业标准要求，依据国家最新的《房屋建筑制图统一标准》GB/T 50001—2017、《建筑制图标准》GB/T 50104—2010 等行业最新技术标准编写。

本教材以中望 CAD 绘图软件为主介绍建筑绘图方法，将命令使用与实际操作紧密结合，在熟练灵活使用命令的基础上设置真实的建筑施工图进行绘制，通过绘制成套图纸锻炼学生的空间构建能力和综合分析能力，在绘制过程中着重介绍基本命令的操作和综合图纸绘制方式，理解图纸的表达方式和绘图中的设置方式之间的对应关系，使学生能够在独立面对工作时完成图纸的绘制和修改。

教材中采用大量图片说明绘制过程和参数设置方式，并参考"中望建筑工程识图能力实训评价软件"设置命令使用的习题以及成套的建筑施工平面图、立面图和剖面图供练习使用。同时配有内容操作及习题操作的相关视频供学生学习使用。

本教材由辽宁城市建设职业技术学院任鲁宁担任主编，负责全书的统稿和校对工作，编写了单元 8、11；沈阳建筑大学金路担任副主编，编写了单元 4、5；辽宁城市建设职业技术学院王月担任副主编，编写了单元 9、10；辽宁生态工程职业学院姜新担任副主编，编写了单元 7、12；朝阳师范高等专科学校刘爽编写了单元 1、2、3、6。沈阳建筑大学刘安清参与了文字校核工作。教材编写中得到了广州中望龙腾软件股份有限公司的大力支持，在此表示感谢。

由于水平有限和时间仓促，书中难免有不足之处，恳请广大读者批评指正。

课程导图

软件基本操作

- **工作空间**　标题栏、菜单栏、工具栏、绘图窗口、命令窗口、状态栏、模型/布局选项卡的位置
- **界面操作**　鼠标与键盘操作、命令的撤销和重复执行，图元选择方式
- **文件操作**　新建、保存文件，图形样板的使用

常用绘图及编辑命令

- 直线、构造线、多段线、多线、矩形、正多边形、圆、填充、文字的创建和参数设置　**绘图命令**
- 复制、移动、缩放、旋转、镜像、偏移、阵列、修剪、延伸、圆角、拉伸等命令的使用和参数设置　**编辑命令**

高级功能

- **标注**　标注样式的创建、常用尺寸标注命令，其他注释类工具
- **图层**　在图层特性管理器中管理图层，在绘图过程中设置图层
- **图块**　创建内部图块和外部图块，插入图块
- **查询**　查询距离、查询面积

图形输出

- PDF打印机设置，模型空间和布局空间　**打印PDF文件**
- JPG打印机设置，打印参数设置　**打印JPG文件**
- 新建EPS打印机，EPS格式应用　**打印EPS文件**

建筑施工图绘制

- **建筑平面图**　绘制轴网、墙柱、门窗、台阶、散水等构件，完成文字、尺寸标注、标高等标注内容
- **建筑立面图**　绘制地坪及立面外轮廓、各层立面构件、门窗、栏杆等构件，完成标注内容
- **建筑剖面图**　绘制剖切断面、看线、填充断面，处理门窗洞口，完成标注内容
- **建筑详图**　绘制楼梯平面图和剖面图

Informative Abstract

内容提要

　　本教材共 12 个单元。第 1 ～ 8 单元以中望 CAD 软件基本操作为主，包括 CAD 工作空间、界面基本操作、文件操作，重点介绍绘图过程中的绘图命令、编辑命令、标注、高级绘图功能及图形输出等。第 9 ～ 12 单元以一套建筑施工图为例介绍平面图、立面图、剖面图和楼梯详图等图纸的绘制。

　　本教材以建筑设计绘图工作的实际需求为编写出发点，以工作任务为驱动设计各个单元内容，使学生能对绘图软件进行综合应用，对建筑施工图进行对应性分析和绘制。

　　本教材既可以作为高等职业教育土建类相关专业教材，也可用于相关技术人员、企业业务培训等用书。

数字资源一览

Author's Brief Introduction

作者介绍

任鲁宁 ——

　　辽宁城市建设职业技术学院教师，副教授，从事建筑工程技术等相关专业，主要教授《建筑制图与 CAD》《建筑构造与识图》等相关课程，曾多次指导学生参加国家、省级建筑工程识图技能竞赛、全国建筑类院校虚拟建造综合实践大赛，并获得优异成绩，曾主编教材《建筑制图与 CAD（第二版）》，参编教材《建筑制图与识图（第二版）》。《基于职业岗位能力的建筑 CAD 教学方法改革研究》获辽宁省教学成果奖三等奖。

上智云图
使 用 说 明

一册教材 = 海量教学资源 = 开放式学堂

微课视频
知识要点
名师示范
扫码即看
备课无忧

教学课件
PPT
教学课件
精美呈现
下载编辑
预习复习

在线案例
具体案例
实践分析
加深理解
拓展应用

拓展学习
课外拓展
知识延伸
强化认知
激发创造

素材文件
多样化素材
深度学习
共建共享

"上智云图"为学生个性化
定制课程，让教学更简单。

PC 端登录方式：www.szytu.com

详细使用说明请参见网站首页
《教师指南》《学生指南》

　　本教材是基于移动信息技术开发的智能化教
材的一种探索。为了给师生提供更多增值服务，
由"上智云图"提供本系列教材的所有配套资源
及信息化教学相关的技术服务支持。如果您在使
用过程中有任何建议或疑问，请与我们联系。

课程兑换码

教材课件索取方式：

1. 邮箱 :jckj@cabp.com.cn;

2. 电话 :(010)58337285;

3. 建工书院 :http://edu.cabplink.com;

4. 上智云图: www.szytu.com。

目录
Contents

单元 1
工作空间

建筑
CAD

```
                                              ┌─ 显示当前打开的图形文件名称
                                    标题栏 ────┤
                                              └─ 实现窗口"最小化""最大化"和"关闭"操作

                                              ┌─ "文件""编辑""视图"等菜单
                                    菜单栏 ────┤
                                              └─ 菜单下设置若干级命令

                                              ┌─ 可单独显示/隐藏若干个工具栏
                                    工具栏 ────┤
                                              └─ 每个工具栏内包含同类命令

                                              ┌─ 绘图的工作区域
                                   绘图窗口 ───┤
                                              └─ 根据需要关闭工具栏，以增大绘图区
                    工作空间 ──┤
                                              ┌─ 命令对话窗口，接收输入的命令
                                   命令窗口 ───┼─ 提供相应的信息提示，进行参数设置
                                              └─ 提示下一步可行的操作

                                              ┌─ 当前光标的坐标位置
                                    状态栏 ────┤
                                              └─ 状态图标按钮，包括极轴追踪、对象捕捉、
                                                 显示/隐藏线宽等

                                              ┌─ 模型空间是绘图空间
                               模型/布局选项卡 ─┤
                                              └─ 布局空间是提供出图功能空间
```

1. 知识目标：了解中望 CAD 软件的工作界面；熟悉标题栏、工具栏、状态栏的位置；掌握命令窗口、模型、布局选项卡的使用方法。

2. 能力目标：具备使用中望 CAD 绘图软件界面各功能模块的能力。

3. 思政目标：通过介绍 CAD 的概念及工作方式，以及计算机辅助设计在建筑工程中的二维、三维及建筑全寿命期的各领域应用，使学生了解建筑设计绘制领域软件类型及现状，通过了解我国 CAD 开发现状培养学生对行业的了解和热爱，树立积极求学的远大理想。

CAD（Computer Aided Design，计算机辅助设计），一般指利用计算机及绘图设备辅助设计人员进行设计工作的方式。在建筑行业广泛使用 CAD 进行精确绘图，尤其是大量应用在二维绘图领域，用于形成建筑工程图中的建筑施工图、结构施工图、设备施工图等。在建筑表现方面同样使用大量的三维建模软件和辅助渲染软件等用于实景模拟观看和图片输出等。近年来由于智能建造和建筑工业化的发展，BIM（建筑信息模型）技术开始广泛应用于建筑设计过程，在建筑信息集成的前提下，其目标在于新型建筑工业化全寿命期的一体化集成应用。

在建筑行业中，开发了很多 CAD 计算机辅助设计软件，用于二维绘图和基本三维设计，我国 CAD 开发商也逐渐探索出适合中国发展和需求模式的 CAD。本教材以中望 CAD 为例进行建筑 CAD 绘制建筑施工图的讲解。

1.1 标题栏

标题栏位于界面的左上角，显示当前打开的图形文件名称"Drawing1.dwg"，如图 1-1 所示。如果文件经过保存，则此处显示保存后的文件名。

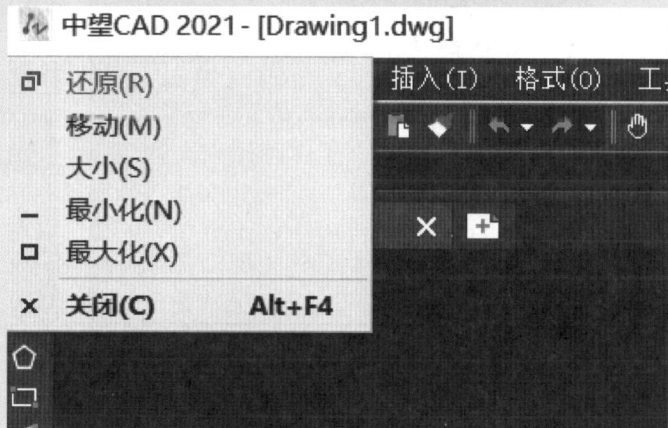

图1-1　左击中望 CAD 图标

鼠标左键点击中望 CAD 图标或者鼠标右键点击标题栏空白区域可以弹出 CAD 窗口控制菜单，可以对中望 CAD 的窗口执行"还原""移动""大小""最小化""最大化"和"关闭"操作。也可以通过标题栏右侧的三个按钮实现"最小化""最大化"和"关闭"操作，如图 1-2 所示。

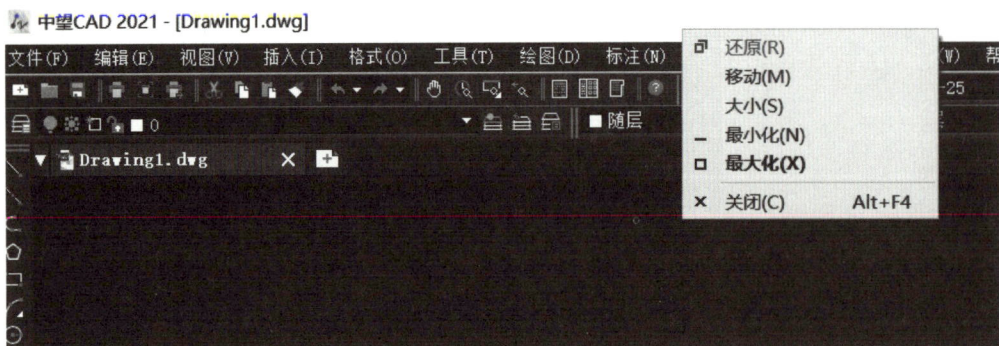

图1-2 右击菜单栏空白区

1.2 菜单栏

中望CAD2021软件的菜单栏共有13个菜单，分别是"文件""编辑""视图""插入""格式""工具""绘图""标注""修改""扩展工具""窗口""帮助""APP+"，几乎涵盖了软件中的全部功能和命令。下面以视图菜单为例进行介绍，如图1-3所示。

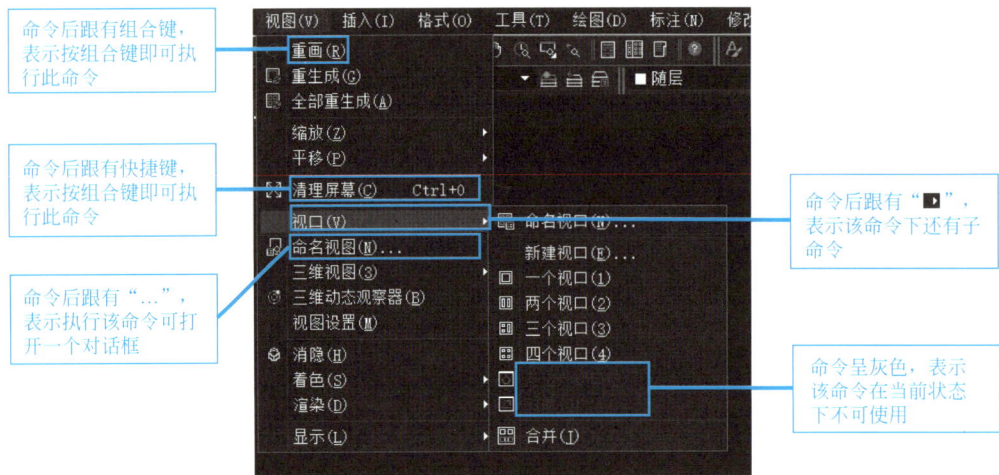

图1-3 视图菜单

1.3 工具栏

工具栏是软件操作过程中，调用命令的另一种方式，它包含许多由图标表示的命令按钮。鼠标左键点击图标，即可执行该命令，如图1-4所示。

建筑 CAD

1.4　绘图窗口

绘图窗口是图纸绘制的工作区域，所有图纸的绘制都将在绘图窗口中完成。在绘图过程中可以根据需要关闭或打开周围的各个工具栏，以增大绘图区，如图1-5所示。

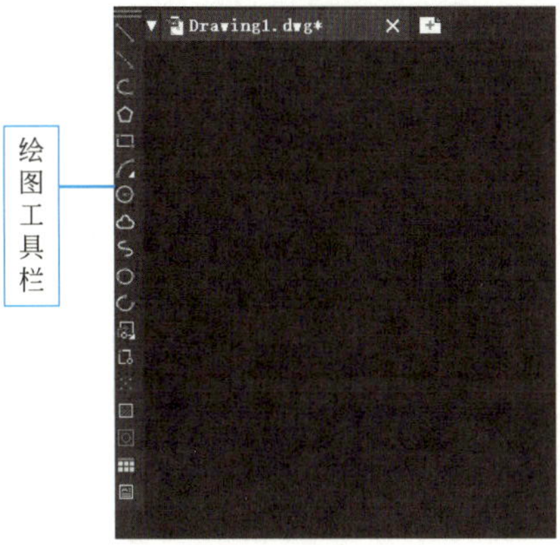

图1-4　绘图工具栏

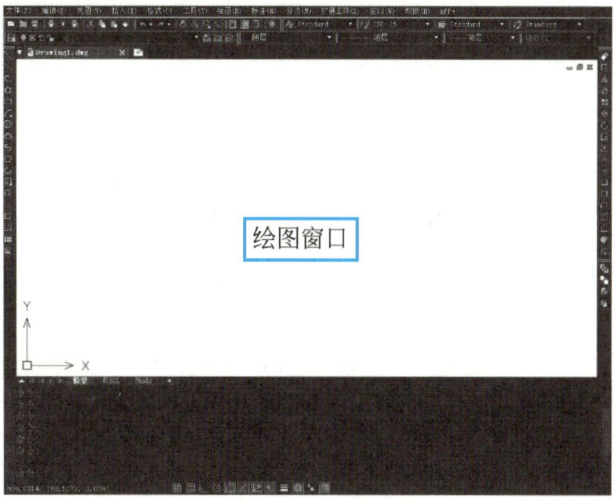

图1-5　绘图窗口

1.5　命令窗口

命令窗口位于绘图窗口的底部，是CAD的对话窗口。

其作用一是接收输入的命令，并提供相应的信息提示。例如，在命令行输入"PL"进入到"多段线命令 C"，在命令指示"指定多段线的起点"，另外有"当前线宽""指定下一点或 [圆弧（A）/半宽（H）/长度（L）/撤销（U）/宽度（W）]"二个绘制多段线的提示项，如图1-6所示。

图1-6　接收输入命令

其作用二是提示下一步可行操作，如图1-7所示，初学者应密切关注命令，才能保证各类命令的正确使用。

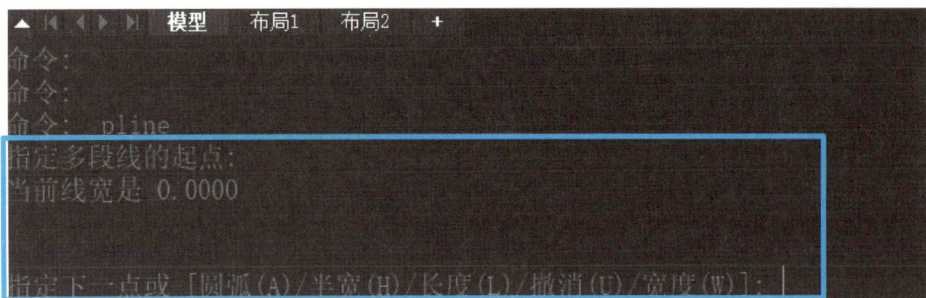

图 1-7　命令提示信息

1.6　状态栏

状态栏位于 CAD 界面最下方，如图 1-8 所示左侧为当前光标的坐标位置，包括 XYZ 的绝对坐标值，移动光标位置在绘图区域随意放置，可以看到坐标值变化。中间为状态图标按钮，鼠标悬停在任意图标可显示图标对应的名称以及快捷键，分别为捕捉模式（F9）■、栅格显示（F7）■、正交模式（F8）■、极轴追踪（F10）■、对象捕捉（F3）■、对象捕捉追踪（F11）■、动态 UCS（F12）■、显示 / 隐藏线宽■、显示 / 隐藏透明度■、选择循环■、模型或图纸空间■；鼠标右击图标可以对该项进行设置，以及在图标显示模式和文字显示模式进行切换；鼠标左击图标可以控制该按钮的开关。右侧为空间工作模式■，鼠标左键点击齿轮状按钮，可以选择 CAD 的工作空间。

图 1-8　状态栏

建筑 CAD

1.7 模型 / 布局选项卡

模型空间和布局空间可以相互切换。模型空间是绘图的常用空间，是一个无限大的区域，打开 CAD 会默认进入该空间；布局空间是为绘制好的图纸提供出图功能的空间，在该空间可以对绘制好的图纸进行排版、调整及打印输出。鼠标左键点击命令行上侧的图标，可以对模型空间和布局空间进行切换，如图 1-9 所示。

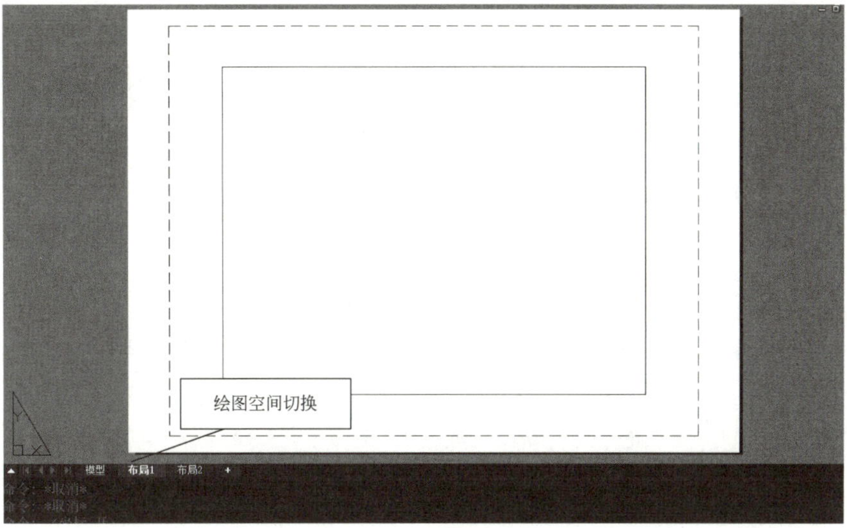

图 1-9 绘图空间切换

単元 2
界面基本操作

建筑 CAD

```
                              鼠标左键执行命令
              鼠标与键盘操作
                              键盘输入命令/快捷键执行命令

                              命令撤销Ctrl+Z
              命令撤销、重复
              命令撤销、重复  命令重复Ctrl+Y
界面基本操作
                              点选：左键直接点选图元

              图元选择方式    框选：鼠标左键从左向右拖动，全部包括在内的
                              图元被选择

                              交叉选择：鼠标左键从右向左拖动，被碰到的图
                              元均被选择
```

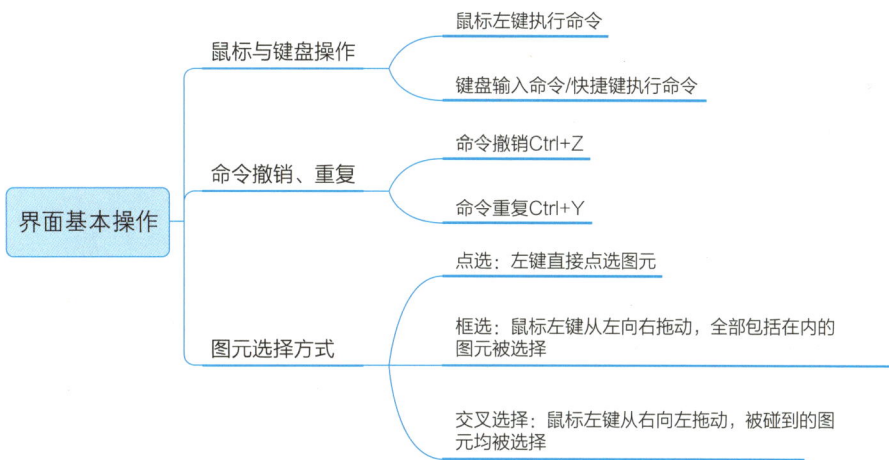

1．知识目标：了解中望 CAD2021 绘图软件的鼠标与键盘操作；熟悉命令重复、撤销功能；掌握图元选择方式。

2．能力目标：具备中望 CAD 软件界面的基本操作能力。

3．思政目标：针对软件界面介绍基本操作时，提到在软件绘制工作之前应做好界面设置，培养自定义界面习惯。在职场工作时，同样凡事应提前做好有针对性的准备，不打无准备的仗。同学们除了短期的准备之外还应做好长期的规划，不断投资自己的学习，通过积累提高自己的专业技能和工作经验。

2.1　鼠标与键盘操作

在CAD软件环境中,有鼠标和键盘两种操作方法。通过鼠标左键点击可以执行命令,亦可通过在键盘上以快捷键的方式执行命令。如保存已绘制好图纸,可以鼠标左键点击菜单栏上"文件"/"保存",也可以按键盘组合键"Ctrl+S"。

2.2　命令撤销、重复

1. 撤销

单击工具栏中的"撤销 ← ▾"、键盘组合键"Ctrl+Z"和输入简化命令"U"完成撤销命令。

2. 重复

点击工具栏中"重做 → ▾"和键盘组合键"Ctrl+Y"完成撤销命令,此命令可以对"撤销"命令进行重置,只在执行撤销命令后使用。

2.3　图元选择方式

1. 点选

将十字光标移动到需要选择的图元上,图元选择为虚线时,点击鼠标左键,即可完成点选操作,如图 2-1 所示。

2. 框选

鼠标左键点击图元的左上角空白处点 1,然后按住鼠标左键并拖动鼠标至图元右下角的空白处点 2,再点击鼠标左键则选中图元,完成图元的框选,如图 2-2 所示,注意框选为实线蓝色框,需要图元在选择范围内才能选中图元。

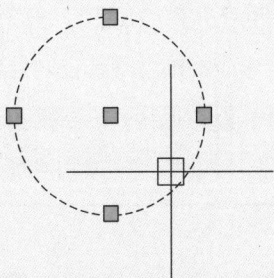

图 2-1　点选

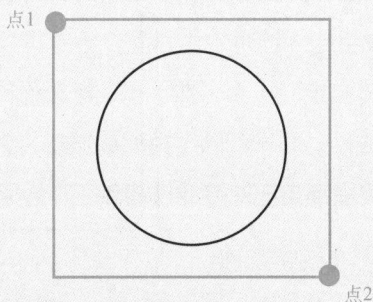

图 2-2　框选

3. 交叉选择

在图元的右下角空白处，鼠标左键点击一点，移动鼠标到图元的左上角空白处再点击一点，即可完成图元的交叉选择操作，注意交叉选择为虚线绿色框，只要碰到图元即可选中图元，如图2-3所示。

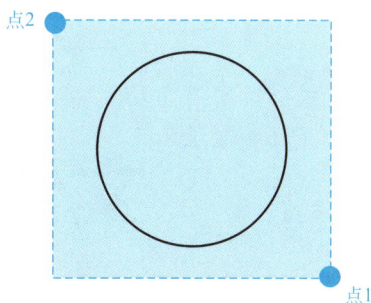

图 2-3　交叉选择

单元 3
文件操作

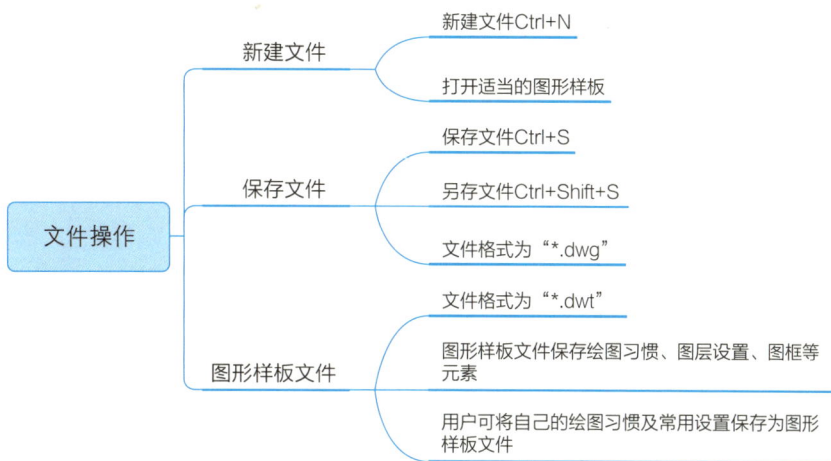

```
                                          新建文件Ctrl+N
                        新建文件
                                          打开适当的图形样板

                                          保存文件Ctrl+S
                        保存文件          另存文件Ctrl+Shift+S
        文件操作                          文件格式为"*.dwg"

                                          文件格式为"*.dwt"
                        图形样板文件      图形样板文件保存绘图习惯、图层设置、图框等
                                          元素
                                          用户可将自己的绘图习惯及常用设置保存为图形
                                          样板文件
```

1. 知识目标：了解文件的新建与保存；掌握图形样板文件的调用与设置。

2. 能力目标：具备对绘图文件的操作能力，能新建、保存、另存文件，能新建并调用图形样板。

3. 思政目标：通过讲解文件操作使学生重视工作中文件和资料的整理与存档，做好不同修改版本文件的备份和文件名说明，从绘图过程刚开始就重视保存工作，通过设置自动保存时间和执行保存命令保存好文件，避免停电和设备故障等外界因素引起的文件丢失，经常使用的设置可以存为样板文件以提高效率，注意文件的保密，具有一定的法律意识，了解文件的版权归属，在工作中培养良好的工作习惯。

3.1 新建文件

点击工具栏中的"文件"菜单，然后点击"新建"选项或者按键盘组合键"Ctrl+N"，弹出如图 3-1 所示对话框，选择适当的样板文件后，点击"打开"按钮，即可完成文件的新建。

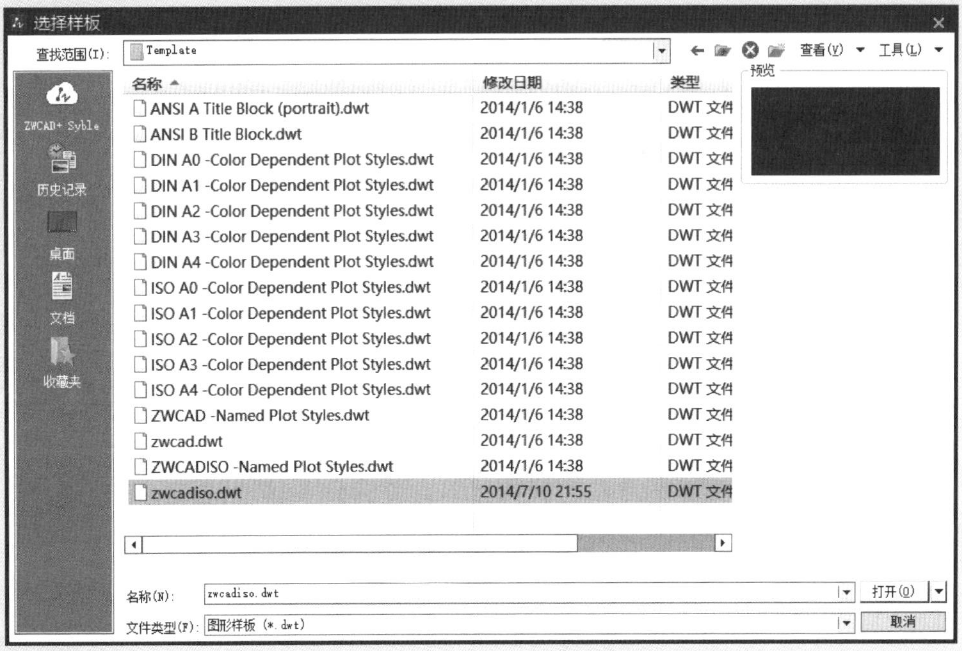

图 3-1 "新建文件"对话框

3.2 保存文件

1. 保存文件

鼠标左键点击工具栏中的"文件"菜单，然后点击"保存"选项，弹出图 3-2 所示对话框，选择适合的存储路径，即可保存文件；或者按键盘组合键"Ctrl+S"也可保存文件。保存文件的过程中，可以修改文件名，并选择适当的文件类型。通常文件的格式为"*.dwg"。

2. 将文件另存为其他格式

鼠标左键点击工具栏中的"文件"，然后点击"另存为"，弹出图 3-2 所示的对话框，即可将文件另存为其他格式；或者按键盘组合键"Ctrl+Shift+S"，也可完成文件的另存。

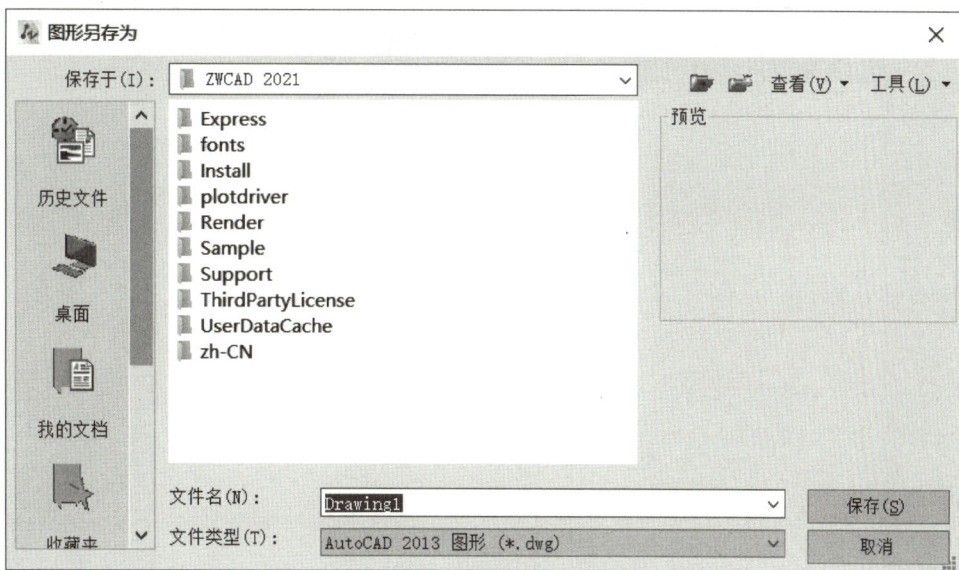

图 3-2 "保存文件"对话框

3.3 图形样板文件

图形样板文件的格式为"*.dwt"，在中望 CAD2021 中，用户可以直接对样板文件进行调用。操作方法为：鼠标左键点击菜单栏的"文件"，再点击菜单的"新建"，则可以选择所需要的样板文件（ISO A3-Color Dependent Plot Styles）。点击"打开"，即可使用样板文件，如图 3-3 所示。

(a) 选择样板文件

图 3-3 样板文件（一）

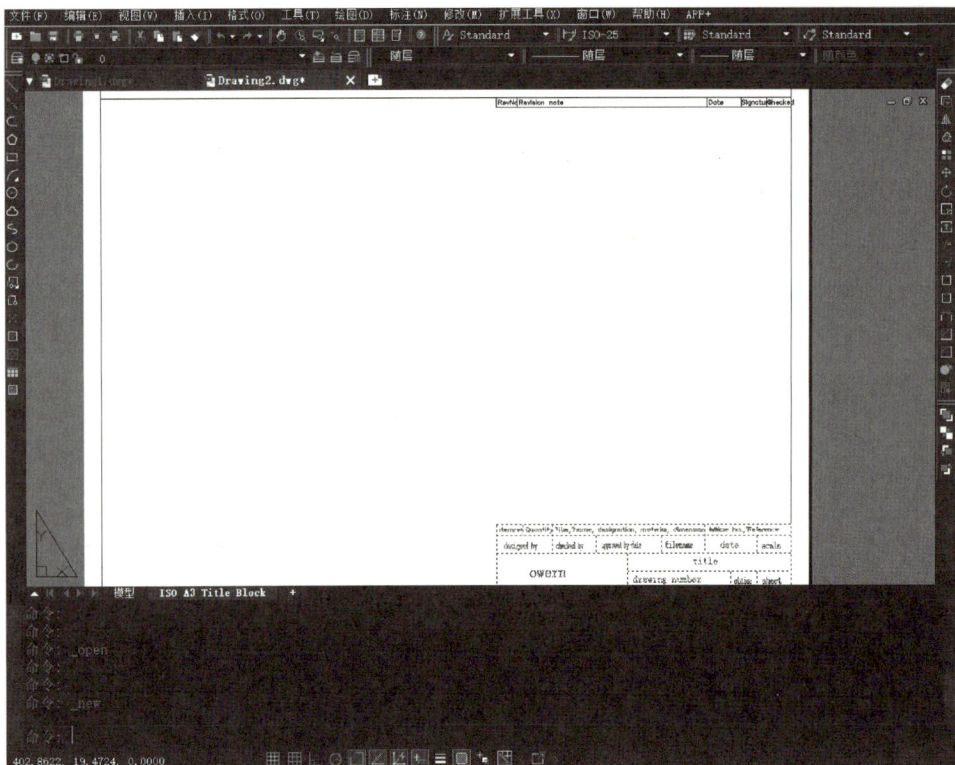

(b) 已打开的样板文件

图 3-3　样板文件（二）

　　用户也可以将自己的绘图习惯、图层设置、系统设置、图纸的图框等元素以"*.dwt"格式保存为图形样板文件，这将在很大程度上提高绘图速度。

单元 4
绘图命令

单元 4
绘图命令

建筑 CAD

绘图命令
- 直线
  - 命令：LINE（快捷键L），用于绘制直线
  - 可设置绝对坐标或相对坐标进行绘制
- 构造线
  - 命令：XLINE（快捷键XL），用于绘制两个方向无限延伸的直线
  - 可以绘制水平、垂直、指定角度直线
- 多段线
  - 命令：PLINE（快捷键PL），用于绘制直线或圆弧构成的连续线条
  - 与直线的差别在于图像对象是一个整体
  - 能够设定线的起点宽度和端点宽度
- 多线
  - 命令：MLINE（快捷键ML），用于绘制多条平行直线
  - 设置多线样式控制绘制的线条个数及间距
- 矩形
  - 命令：RECTANG（快捷键REC），用于绘制矩形
  - 通过点击对角点或设置尺寸绘制
- 正多边形
  - 命令：POLYGON（快捷键POL），用于绘制正多边形
  - 可设置多边形边数及多边形中心进行绘制
  - 可设置多边形边数及某一边的两个端点进行绘制
- 圆
  - 命令：CIRCLE（快捷键C），用于绘制圆
  - 可通过指定圆心半径、圆上三点、圆的直径等方式绘制圆
- 填充
  - 命令：BHATCH（快捷键H），用于生成填充图案
  - 设置填充图案、角度、比例、闭合边界
- 文字
  - 文字样式：设置样式名称、字体、高度、角度
  - 单行文字，命令：DTEXT（快捷键DT）　灵活地在不同地方创建单行文本
  - 多行文字，命令：MTEXT（快捷键MT）　将多段文字创建为一个单一图元

1. 知识目标：掌握常见绘图命令的进入方式和参数设置。

2. 能力目标：能灵活应用各个绘图命令添加图元。

3. 思政目标：本单元是 CAD 绘图重要部分，是学生最初接触的命令部分，需要了解并熟悉软件命令的执行和参数设置方式，对同学们来说是全新内容的学习，在课程中培养学生面对全新事物保持好奇心和锲而不舍的钻研精神。在命令的使用中保持准确的参数设置，绘图过程中熟练使用捕捉等方式保证精准作图，培养学生认真负责、精益求精的"大国工匠"精神。

平面图形本质上是由一些基本的图形元素构成的，如点、线段、圆、圆弧以及一些曲线。在手工绘图时，需使用绘图工具绘出这些图形元素；而在中望CAD中，只要发出命令即可。本单元将主要介绍诸如直线、点、矩形、圆、椭圆、样条曲线等绘图命令，同学们只有熟练掌握这些命令的使用方法和技巧，才能够更好地绘制出复杂的图形。

4.1 直线

直线是绘图中最常用、最简单的图形元素。在几何中，两点确定一条直线，因此只要指定了起点和终点即可绘制一条直线。

1. 命令启动方法

（1）菜单："绘图"/"直线"。

（2）命令：LINE（快捷键L）。

（3）工具栏："绘图"工具栏上的 按钮。

【例4-1】练习LINE命令。

命令：LINE 指定第一点：　　　　　　　　　//输入线段的起始点 A

指定下一点或［放弃（U）］：　　　　　　　//输入线段的端点 B

指定下一点或［放弃（U）］：　　　　　　　//输入线段的端点 C

指定下　点或［闭合（C）/放弃（U）］：　　//输入线段的端点 D

指定下一点或［闭合（C）/放弃（U）］：　　// 按 Enter 键结束

结果如图 4-1 所示。

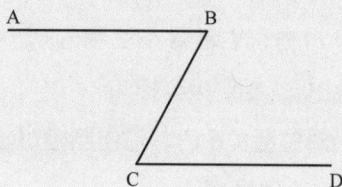

图 4-1　练习 LINE 命令

2. 命令选项

（1）指定第一点：在此提示下，同学们需指定线段的起始点。若此时按下 Enter 键，中望 CAD 将以上一次所画线段或圆弧的终点作为新线段的起点。

（2）指定下一点：在此提示下，输入线段的端点，按 Enter 键后，中望 CAD 继续提示"指定下一点"，同学们可输入下一个端点。若在"指定下一点"提示下按 Enter 键，则命令结束。

（3）放弃（U）：在"指定下一点"提示下，输入字母 U，将删除上一条线段，多次输入 U，则会删除多条线段，该选项可以及时纠正绘图过程中的错误。

（4）闭合（C）：在"指定下一点"提示下，输入字母 C，将使连续折线自动封闭。

3. 输入点的坐标画线

启动画线命令后，中望 CAD 提示用户指定线段的端点，方法之一是输入点的坐标值。

默认情况下，绘图窗口的坐标系统是世界坐标系，同学们在屏幕左下角可以看到表示世界坐标系的图标。该坐标系 X 轴是水平的，Y 轴是竖直的，Z 轴则垂直于屏幕，正方向指向屏幕外。

二维绘图时，用户只需在平面内指定点的位置，点位置的坐标表示方式有绝对直角坐标、绝对极坐标、相对直角坐标和相对极坐标。绝对坐标值是相对于原点的坐标值，而相对坐标值则是相对于另一个几何点的坐标值。下面将说明如何输入点的绝对坐标或相对坐标。

（1）输入点的绝对直角坐标、绝对极坐标

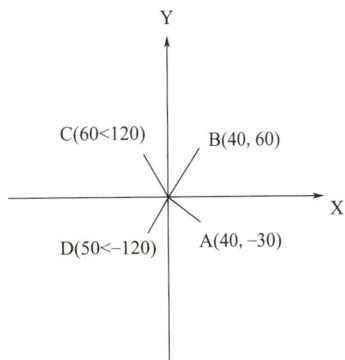

图 4-2　点的绝对坐标

绝对直角坐标的输入格式为"x，y"。x 表示点的 X 轴坐标值，y 轴表示点的 Y 轴坐标值。两坐标值之间用"，"分隔开。例如，（40，-30）、（40，60）分别表示图 4-2 中的 A、B 点。

绝对极坐标的输入格式为"R<α"，R 表示点到原点的距离，α 表示极轴方向与 X 轴正向间的夹角。若从 X 轴正向逆时针旋转到极轴方向，则 α 角为正；否则，α 角为负。例如，（60<120）、（50<-120）分别表示图 4-2 中的 C、D 点。

（2）输入点的相对直角坐标、相对极坐标

当知道某点与其他点的相对位置关系时，可使用相对坐标。相对坐标与绝对坐标相比，仅仅是在坐标值前增加了一个符号 @。

1）相对直角坐标的输入形式为 @x，y。

2）相对极坐标的输入形式为 @R<α。

【例4-2】已知点 A 的绝对坐标及图形尺寸，如图 4-3 所示。现用 LINE 命令绘制此图形。

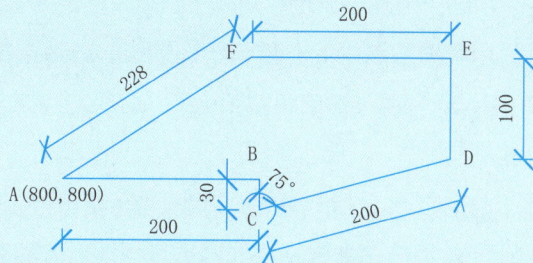

图 4-3　点的相对坐标

命令：LINE 指定第一点：800，800　　　　　// 输入 A 点的绝对直角坐标

指定下一点或［放弃（U）］：@200，0　　　// 输入 B 点的相对直角坐标

指定下一点或［放弃（U）］：@0，-30　　　// 输入 C 点的相对直角坐标

指定下一点或［闭合（C）/放弃（U）］：@200<15　　// 输入 D 点的相对
　　　　　　　　　　　　　　　　　　　　　　　直角坐标

指定下一点或［闭合（C）/放弃（U）］：@0，100　　// 输入 E 点的相对
　　　　　　　　　　　　　　　　　　　　　　　直角坐标

指定下一点或［闭合（C）/放弃（U）］：@-200，0　　// 输入 F 点的相对
　　　　　　　　　　　　　　　　　　　　　　　直角坐标

指定下一点或［闭合（C）/放弃（U）］：C　　　　// 使连续折线闭合

4.2　构造线

构造线是指通过两点或者通过一点，并确定了方向，并向两个方向无限延伸的直线。构造线可以放置在三维空间的任何地方。

1. 命令启动方法

（1）菜单："绘图"/"构造线"。

（2）命令：XLINE（快捷键 XL）。

（3）工具栏："绘图"工具栏上的 ↘ 构造线 按钮。

2. 命令选项

可以使用多种方法指定它的方向。创建直线的默认方法是两点法：指定两点定义方向。第一个点（根）是构造线概念上的中点，即通过"中点"对象捕捉到的点。当然也可以使用其他方法创建构造线。

（1）水平（H）：创建一条经过指定点并且与当前视图的 X 轴平行的构造线。

（2）垂直（V）：创建一条经过指定点并且与当前视图的 Y 轴平行的构造线。

（3）角度（A）：用两种方法中的一种创建构造线。或者选择一条参考线，指定那条直线与构造线的角度，或者通过指定角度和构造线必经的点来创建与水平轴成指定角度的构造线。

（4）二等分（B）：创建二等分指定角的构造线。指定用于创建角度的顶点和直线。

（5）偏移（O）：创建平行于指定基线的构造线。指定偏移距离，选择基线，然后指明构造线位于基线的哪一侧。

【例4-3】利用 XLINE 命令绘制角平分线，如图 4-4 所示。

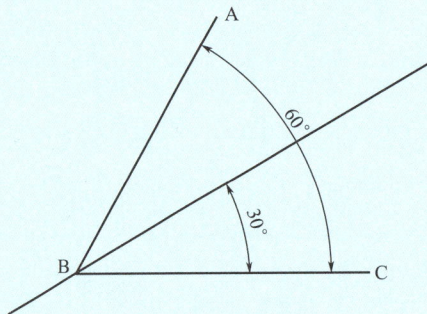

图 4-4　利用 XLINE 命令绘制角平分线

命令：XLINE   // 执行命令
指定构造线位置或［等分（B）/水平（H）/竖直（V）/角度（A）/偏移（O）］：B
                                                        // 绘制二等分参照线
指定角的顶点   // 单击顶点 B
指定角的起点   // 单击起点 C
指定角的端点   // 单击端点 A
指定角的端点   // 按 Enter 键结束

4.3　多段线

PLINE 命令用来创建二维多段线。多段线是由几段线段和圆弧构成的连续线条，它是一个单独的图形对象。二维多段线具有以下特点：

建筑 CAD

（1）能够设定多段线中线段及圆弧的宽度。

（2）可以利用有宽度的多段线，形成实心圆、圆环及带锥度的粗线等。

（3）能在指定的线段交点处或对整个多段线进行倒圆角或倒斜角处理。

（4）可以使线段、圆弧构成闭合多段线。

1. 命令启动方法

（1）菜单："绘图"/"多段线"。

（2）命令：PLINE（快捷键 PL）。

（3）工具栏："绘图"工具栏上的 按钮。

【例 4-4】练习 PLINE 命令。

命令：PLINE

指定起点：   //拾取 A 点

指定下一个点或［圆弧（A）/半宽（H）/长度（L）/撤销（U）/宽度（W）］：

//拾取 B 点

指定下一点或［圆弧（A）/闭合（C）/半宽（H）/长度（L）/撤销（U）/宽度（W）］：a

//使用"圆弧（A）"选项画圆弧

指定圆弧的端点（按住 Ctrl 键以切换方向）或［角度（A）/圆心（CE）/闭合（CL）/方向（D）/半宽（H）/直线（L）/半径（R）/第二个点（S）/宽度（W）/撤销（U）］：

//拾取 C 点

指定圆弧的端点（按住 Ctrl 键以切换方向）或［角度（A）/圆心（CE）/闭合（CL）/方向（D）/半宽（H）/直线（L）/半径（R）/第二个点（S）/宽度（W）/撤销（U）］：

//拾取 D 点

指定圆弧的端点（按住 Ctrl 键以切换方向）或［角度（A）/圆心（CE）/闭合（CL）/方向（D）/半宽（H）/直线（L）/半径（R）/第二个点（S）/宽度（W）/撤销（U）］：

//使用"直线（L）"选项切换到

画直线模式

指定下一个点或［圆弧（A）/半宽（H）/长度（L）/撤销（U）/宽度（W）］：

//拾取 E 点

指定下一个点或［圆弧（A）/半宽（H）/长度（L）/撤销（U）/宽度（W）］：

//拾取 F 点

指定下一个点或［圆弧（A）/半宽（H）/长度（L）/撤销（U）/宽度（W）］：

// 按 Enter 键结束

结果如图 4-5 所示。

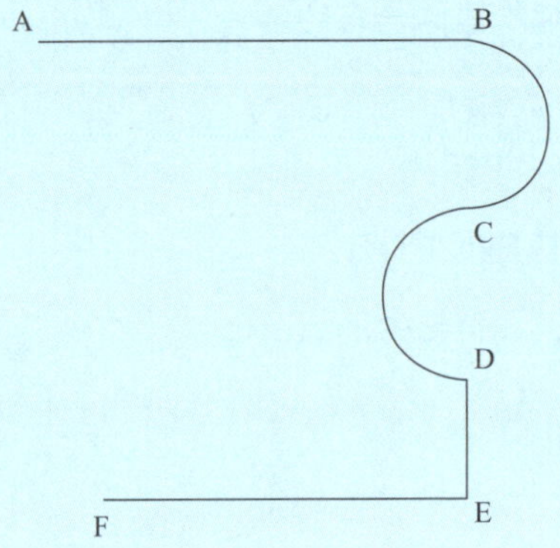

图 4-5　PLINE 命令

2. 命令选项

（1）圆弧（A）：使用此选项可以画圆弧。当选择它时，中望 CAD 将有下面的提示：

指定圆弧的端点（按住 Ctrl 键以切换方向）或 [角度（A）/圆心（CE）/闭合（CL）/方向（D）/半宽（H）/直线（L）/半径（R）/第二个点（S）/宽度（W）/撤销（U）]：

1）角度（A）：指定圆弧的夹角，负值表示沿顺时针方向画弧。

2）圆心（CE）：指定圆弧的中心。

3）闭合（CL）：以多段线的起始点和终止点为圆弧的两端点绘制圆弧。

4）方向（D）：设定圆弧在起始点的切线方向。

5）半宽（H）：指定圆弧在起始点及终止点的半宽度。

6）直线（L）：从画圆弧模式切换到画直线模式。

7）半径（R）：根据半径画弧。

8）第二个点（S）：进入根据 3 点画弧模式，此时点击其中的第二点。

9）撤销（U）：删除上一次绘制的圆弧。

10）宽度（W）：设定圆弧在起始点及终止点的宽度。

（2）闭合（C）：此选项使多段线闭合，它与 LINE 命令的"C"选项作用相同。

（3）半宽（H）：该选项使用户可以指定本段多段线的半宽度，即线宽的一半。

（4）长度（L）：指定本段多段线的长度，其方向与上一线段相同或是沿上一段圆弧的切线方向。

（5）撤销（U）：删除多段线中最后一次绘制的线段或圆弧。

（6）宽度（W）：设置多段线的宽度，此时中望 CAD 将提示"指定起点宽度"和"指定端点宽度"，用户可输入不同的起始宽度和终点宽度值以绘制一条宽度逐渐变化的多段线。

4.4 多线

多线是由多条平行直线组成的对象，线间的距离、线的数量、线条颜色及线型等都可以调整。该对象常用于绘制墙体、公路或管道等。

MLINE 命令用于创建多线。绘制时，用户可通过选择多线样式来控制其外观。多线样式中规定了各平行线的特性，如线型、线间距、颜色等。

1. 命令启动方法

（1）菜单："绘图"/"多线"。

（2）命令：MLINE（快捷键 ML）。

【例4-5】练习 MLINE 命令。

命令：MLINE

指定起点或 [对正（J）/比例（S）/样式（ST）]：   // 拾取 A 点

指定下一点：   // 拾取 B 点

指定下一点或 [撤销（U）]：   // 拾取 C 点

指定下一点或 [闭合（C）/撤销（U）]：   // 拾取 D 点

指定下一点或 [闭合（C）/撤销（U）]：   // 拾取 E 点

指定下一点或 [闭合（C）/撤销（U）]：   // 拾取 F 点

指定下一点或 [闭合（C）/撤销（U）]：   // 按 Enter 键结束

结果如图4-6所示。

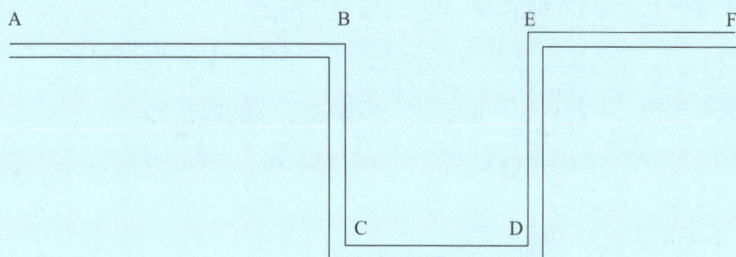

图4-6 MLINE 命令

2. 命令选项

（1）对正（J）：设定多线对正方式，即多线中哪条线段的端点与光标重合并随光标移动。该选项有如下3个子选项：

1）上（T）：若从左往右绘制多线，则对正点将在最顶部线段的端点处。

2）无（Z）：对正点位于多线中偏移量为0的位置处。多线中线条的偏移量可在多线样式中设定。

3）下（B）：若从左往右绘制多线，则对正点将在最底部线段的端点处。

（2）比例（S）：指定多线宽度相对于定义宽度（在多线样式中定义）的比例因子，该比例不影响线型比例。

（3）样式（ST）：该选项使用户可以选择多线样式，默认样式是STANDARD。

3. 多线样式

多线的外观由多线样式决定，在多线样式中用户可以设定多线中线条的数量、每条线的颜色和线型及线间的距离，还能指定多线两个端头的形式，如弧形端头、平直端头等。

（1）命令启动方法

1）菜单："工具"/"多线样式"。

2）命令：MLSTYLE。

（2）命令选项

1） 添加(A) 按钮：单击此按钮，中望CAD在多线中添加一条新线，该线的偏移量可在"偏移"文本框中输入。

2） 删除(D) 按钮：删除"图元"列表框中选定的线元素。

3）"颜色"下拉列表 颜色(C)： ■随层 ：通过此列表修改"图元"列表框中选定线元素的颜色。

4）"线性"下拉列表 线型(Y)： —— 随层 ：指定"图元"列表框中选定线元素的线型。

5）"直线"：在多线的两端产生直线封口形式。

6）"外弧"：在多线的两端产生外圆弧封口形式。

7）"内弧"：在多线的两端产生内圆弧封口形式。

8）"角度"：该角度是指多线某一端的端口连线与多线的夹角。

9）"填充颜色"下拉列表：通过此列表设置多线的填充色。

10）"显示连接"：勾选此复选框，则中望CAD在多线拐角处显示连接线。

【例4-6】创建新多线样式。

（1）启动MLSTYLE命令，中望CAD弹出"多线样式"对话框，如图4-7所示。

（2）单击 添加(I) 按钮，弹出"创建新的多线样式"对话框，如图4-8所示。在"新样式名"文本框中输入新样式的名称为"墙体24"，在"基础样式"下拉列表中选择STANDARD，则该样式将成为新样式的样板样式。

（3）单击 继续 按钮，弹出"新建多线样式：墙体24"对话框，如图4-9（a）所示。在该对话框中完成以下设置，设置完后如图4-9（b）所示。

1）在"说明"文本框中输入关于多线样式的说明文字。

2）在"元素"列表框中选中0.5，然后在"偏移"文本框中输入数值120。

3）在"图元"列表框中选中0.5，然后在"偏移"文本框中输入数值120。

4）单击 确定 按钮，返回"多线样式"对话框，再单击 设为当前(U) 按钮，使新样式成为当前样式。

图4-7 "多线样式"对话框

图4-8 "创建新的多线样式"对话框

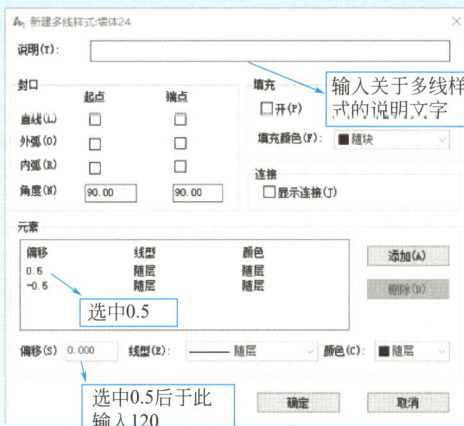

(a) 新建多线样式对话框内容

(b) 设置多元素偏移数据

图4-9 "新建多线样式：墙体24"对话框

4.5 矩形

用户只需指定矩形对角线的两个端点就能画出矩形。绘制时，可设置矩形边线的宽度，还能指定顶点处的倒角距离及圆角半径。

1. 命令启动方法

（1）菜单："绘图"/"矩形"。

（2）命令：RECTANG（快捷键 REC）。

（3）工具栏："绘图"工具栏上的□ 矩形按钮。

【例 4-7】练习 RECTANG 命令。

命令：RECTANG

指定第一个角点或 [倒角（C）/标高（E）/圆角（F）/正方形（S）/厚度（T）/宽度（W）]：

// 指定第一个角点

指定其他的角点或 [面积（A）/尺寸（D）/旋转（R）]：@140，80

// 输入另一个角点的相对坐标，按 Enter 键结束

结果如图 4-10 所示。

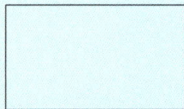

图 4-10　绘制矩形

2. 命令选项

（1）指定第一个角点：在此提示下，用户指定矩形的一个角点。

拖动鼠标时，屏幕上显示出一个矩形。

（2）指定另一个角点：在此提示下，用户指定矩形的另一角点。

（3）倒角（C）：指定矩形各顶点倒斜角的大小。

（4）标高（E）：确定矩形所在的平面高度。默认情况下，矩形是在 XY 平面内（Z 坐标值为 0）。

（5）圆角（F）：指定矩形各顶点倒圆角半径。

（6）厚度（T）：设置矩形的厚度。在三维绘图时，常使用该选项。

（7）宽度（W）：该选项使用户可以设置矩形边的宽度。

（8）面积（A）：先输入矩形面积，再输入矩形长度或宽度值创建矩形。

（9）尺寸（D）：输入矩形的长、宽尺寸创建矩形。

（10）旋转（R）：设定矩形的旋转角度。

4.6　正多边形

正多边形有以下两种画法：

（1）指定多边形边数及多边形中心。

（2）指定多边形边数及某一边的两个端点。

1．命令启动方法

（1）菜单："绘图"/"正多边形"。

（2）命令：POLYGON（快捷键 POL）。

（3）工具栏："绘图"工具栏上的 ⬠ 正多边形 按钮。

【例4-8】 在图 4-11（a）的基础上练习 POLYGON 命令。

命令：POLYGON

输入边的数目 <8>：5　　　　　　　　　　　　// 输入多边形的边数

指定正多边形的中心点或 [边（E）]：　　　　// 捕捉 A 点，如图 4-11
　　　　　　　　　　　　　　　　　　　　　（b）所示

输入选项 [内接于圆（I）/外切于圆（C）] <C>：I　// 采用内接于圆的方式
　　　　　　　　　　　　　　　　　　　　　画多边形

指定圆的半径：@13<55　　　　　　　　　　// 输入 B 点的相对坐标

命令：POLYGON　　　　　　　　　　　　　// 重复命令

输入边的数目 <5>：　6　　　　　　　　　　// 输入多边形的边数

指定正多边形的中心点或 [边（E）]：　　　　// 捕捉 C 点

输入选项 [内接于圆（I）/外切于圆（C）] <C>：C　// 采用外切于圆的方式
　　　　　　　　　　　　　　　　　　　　　画多边形

指定圆的半径：　　　　　　　　　　　　　// 捕捉 D 点

结果如图 4-11（b）所示。

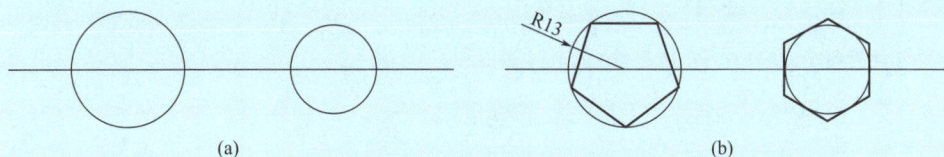

图 4-11　POLYGON 命令

2．命令选项

（1）指定多边形的中心点：用户输入多边形边数后，再拾取多边形中心点。

（2）内接于圆（I）：根据内接圆生成正多边形。

（3）外切于圆（C）：根据外切圆生成正多边形。

（4）边（E）：输入多边形边数后，再指定某条边的两个端点即可绘出多边形。

4.7　圆

用 CIRCLE 命令绘制圆，默认的画圆方法是指定圆心和半径，此外，还可通过两点或三点画圆。

1. 命令启动方法

（1）菜单："绘图"/"圆"。

（2）命令：CIRCLE（快捷键 C）。

（3）工具栏："绘图"工具栏上的 按钮。

2. 命令选项

（1）指定圆的圆心：默认选项。输入圆心坐标或拾取圆心后，中望 CAD 提示输入圆半径或直径值。

（2）三点（3P）：输入 3 个点绘制圆。

（3）两点（2P）：指定直径的 2 个端点绘制圆。

（4）相切、相切、半径（T）：选取与圆相切的两个对象，然后输入圆半径。

4.8　填充

BHATCH 命令用于生成填充图案。启动该命令后，中望 CAD 打开"图案填充和渐变色"对话框，用户在该对话框中指定填充图案类型，再设定填充比例、角度及填充区域，就可以创建图案填充。

1. 命令启动方法

（1）菜单："绘图"/"图案填充"。

（2）命令：BHATCH（快捷键 H）。

（3）工具栏："绘图"工具栏上的 按钮。

打开"填充"对话框，如图 4-12 所示。

2. 命令选项

1）"类型"：设置图案填充类型，共有 3 个选项。

① "预定义"：使用中望 CAD 预定义图案进行图样填充，这些图案保存在

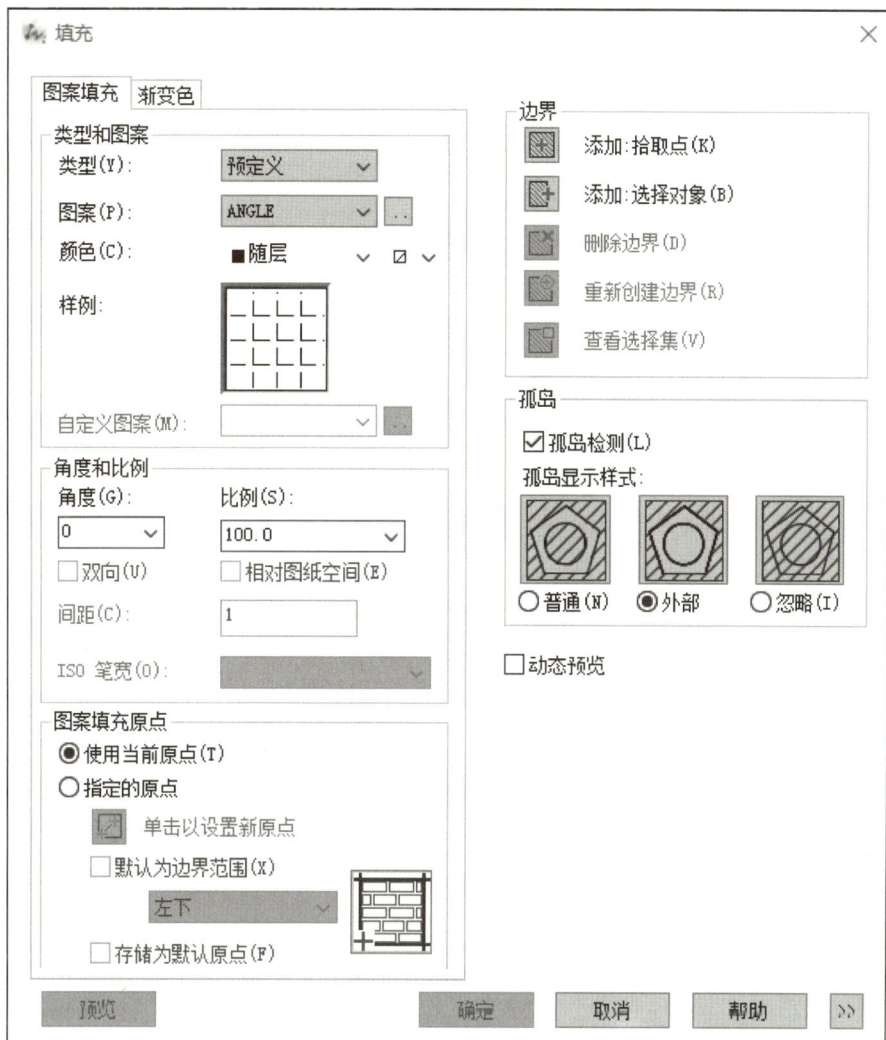

图 4-12　"图案填充和渐变色"对话框

ACAD.PAT 和 ACADISO.PAT 文件中。

②　"用户定义"：利用当前线型定义一种新的简单图案。该图案由一组平行线或相互垂直的两组平行线组成。注意，若是采用两组平行线构成图案，则勾选"双向"复选框。

③　"自定义"：采用用户定制的图案进行图样填充，这个图案保存在 *.PAT 类型文件中。

2）"图案"：通过其下拉列表或右边的 .. 按钮选择所需的填充图案。

3）"边界"：通过设定边界确定填充范围。

①　"拾取点"：单击 ▦ 按钮，然后在填充区域中单击一点，中望 CAD 自动分析边界集，并从中确定包围该点的闭合边界。

②“选择对象”：单击▦按钮，然后选择一些对象进行填充，此时无需对象构成闭合的边界。

4）“删除边界”：填充边界中常常包含一些闭合区域，这些区域被称为孤岛。若希望在孤岛中也填充图案，则单击▢按钮，选择要删除的孤岛。

5）“重新创建边界”：编辑填充图案时，可利用▢按钮生成与图案边界相同的多段线或面域。

6）“查看选择集”：单击▢按钮，中望 CAD 显示当前的填充边界。

7）“继承特性”：单击▢按钮，中望 CAD 要求用户选择某个已绘制的图案，并将其类型及属性设置为当前图案类型及属性（如果在界面中没有这个按钮，点击右下角的▢按钮后，就能在展开的界面中找到）。

8）“关联”：若图案与填充边界关联，则修改边界时，图案将自动更新以适应新边界。

9）“创建独立的图案填充”：勾选此复选框，可在执行一次填充命令过程中创建若干个闭合边界内的独立填充图案，可以各自单独被编辑。否则，这些闭合边界内的填充图案将被看做一个对象。

10）“绘图次序”：指定图案填充的创建顺序。默认情况下，图案填充绘制在填充边界的后面，这样比较容易查看和选择填充边界。通过“绘图次序”下拉列表可以更改图案填充的创建顺序，如将其绘制在填充边界的前面或者放在其他所有对象的后面或前面。

【例4-9】利用 BHATCH 命令将图 4-13（a）修改成图 4-13（b）。

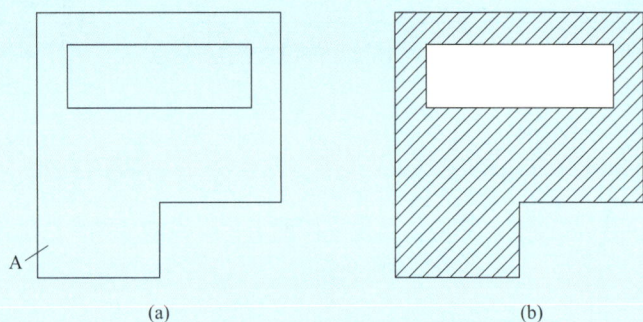

图 4-13　填充图案

（1）打开“填充”对话框。

（2）单击“图案”框右边的▢按钮，打开“填充图案选项板”对话框，再单击“ANSI”选项卡，然后选择剖面线“ANSI31”，如图 4-14 所示。

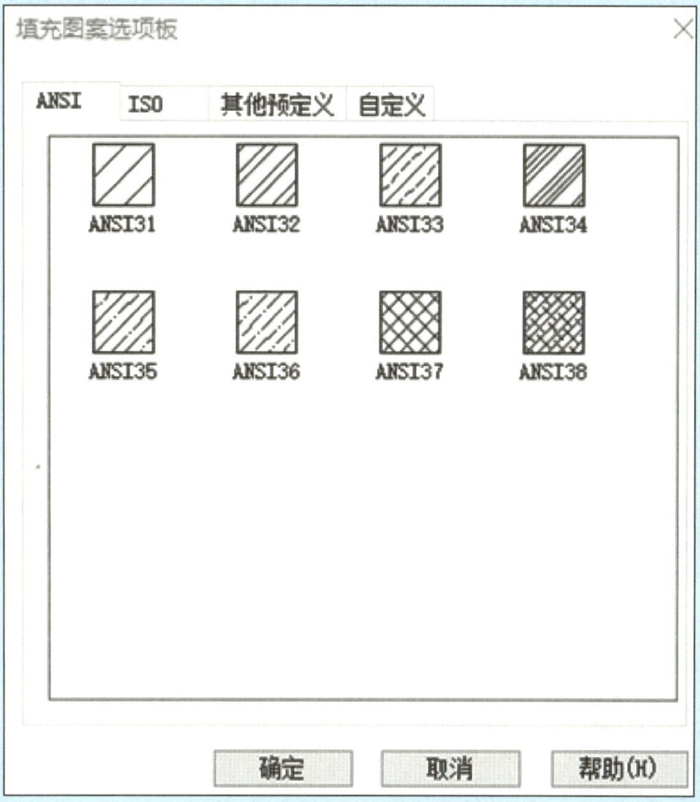

图 4-14 "填充图案选项板"对话框

（3）在"图案填充和渐变色"对话框中，单击 ⊞ 按钮（拾取点）。

（4）在想要填充的区域中单击点 A，此时可以观察到中望 CAD 自动寻找一个闭合边界，如图 4-13（a）所示。

（5）按 Enter 键，返回"图案填充和渐变色"对话框。

（6）在"角度"及"比例"文本框中分别输入数值 0 和 400。

（7）单击"预览"按钮，观察填充的预览图。如果满意，按 Enter 键，完成剖面图案的绘制，结果如图 4-13（b）所示；若不满意，按 Esc 键，返回"图案填充和渐变色"对话框，重新设定有关参数。

4.9　文字

文字对象是中望 CAD 中很重要的图形对象，设计人员利用它们进行说明或提供扼要的注释。布局适当且完备的说明文字，不仅使图样能更好地表现设计思想，还使图纸本身显得清晰整洁。中望 CAD 中有两类文字对象：一类是单行文字，另一类是多行文字，它们分别由 DTEXT 和 MTEXT 命令来创建。一般来讲，一些比较简短的文字项目（如标题栏信息、尺寸标注说明等），常常采用单行文字；而对带有段落格式的信息（如工艺流程、技术条件等），则常使用多行文字。

4.9.1　文字样式

在中望 CAD 中创建文字对象时，它们的外观都由与其关联的文字样式所决定。默认情况下，Standard 文字样式是当前样式，用户也可根据需要创建新的文字样式。

文字样式主要是控制与文字连接的字体文件、字符宽度、文字倾斜角度及高度等项目。另外，用户还可利用它设计出相反的、颠倒的以及竖直方向的文字。用户可以针对每一种不同风格的文字创建对应的文字样式，这样在输入文字时就可用相应的文字样式来控制文字的外观。例如，用户可建立专门用于控制尺寸标注文字及技术说明文字外观的文字样式。

1．命令启动方法

（1）菜单："工具"/"文字样式"

（2）命令：STYLE（快捷键 ST）。

2．命令选项

（1）"样式"列表框：该列表框显示图样中所有文字样式的名称，用户可从中选择一个，使其成为当前样式。

（2）新建(N) 按钮：单击此按钮，就可以创建新文字样式。

（3）删除(D) 按钮：在"样式"列表框中选择一个文字样式，再单击此按钮即可删除。当前样式以及正在使用的文字样式不能被删除。

（4）"字体名"：在此下拉列表中罗列了所有字体的清单。带有双"T"标志的字体是 Windows 系统提供的 TrueType 字体，其他字体是中望 CAD 自带的字体（*.SHX），其中 GBENOR.SHX 和 GBEITC.SHX（斜体西文）字体是符合国标的工程字体。

（5）"使用大字体"：大字体是指专为亚洲国家设计的文字字体。其中 GBCBIG.SHX 字体是符合国标的工程汉字字体，该字体文件还包含一些常用的特殊符号。由于 GBCBIG.SHX 中不包含西文字体定义，因而使用时可将其与 GBENOR.SHX 和 GBEITC.SHX 字体配合使用。

（6）"字体样式"：如果用户选择的字体支持不同的样式（如粗体或斜体等），就可在"字体样式"下拉列表中选择一个。

（7）"高度"：输入字体的高度。如果用户在文本框中指定了文字高度，则当使用 DTEXT（单行文字）命令时，中望 CAD 将不提示"指定高度"。

（8）"颠倒"：选取此复选项，文字将上下颠倒显示，该选项仅影响单行文字。

（9）"反向"：选取此复选项，文字将首尾反向显示，该选项仅影响单行文字。

（10）"垂直"：选取此复选项，文字将沿竖直方向排列。

（11）"宽度因子"：默认的宽度因子为 1。若输入小于 1 的数值，则文字将变窄；否则，文字变宽。

（12）"倾斜角度"：该选项指定文字的倾斜角度。角度值为正时向右倾斜，为负时向左倾斜。

3．文字样式的修改

修改文字样式也是在"文字样式"对话框中进行的，其过程与创建文字样式相似，这里不再重复。

修改文字样式时，用户应注意以下几点：

（1）修改完成后，单击"文字样式"对话框的 应用(A) 按钮，则修改生效，中望 CAD 将立即更新图样中与此文字样式关联的文字。

（2）当修改与文字样式连接的字体文件时，中望 CAD 将改变所有文字外观。

（3）当修改文字的"颠倒""反向""垂直"特性时，中望 CAD 将改变单行文字外观。而修改文字高度、宽度比例及倾斜角时，则不会引起已有单行文字外观的改变，但将影响此后创建的文字对象。

（4）对于多行文字，只有"垂直""宽度比例"及"倾斜角度"选项才影响已有多行文字外观。

【例 4-10】创建文字样式。

（1）打开"文字样式"对话框，如图 4-15 所示。

（2）单击 新建(N) 按钮，打开"新建文字样式"对话框，在"样式名"文本框中输入文字样式的名称"文字样式 -1"，如图 4-16 所示。

（3）单击 确定 按钮，返回"文字样式"对话框，取消对"使用大字体"复选项的选取，在"字体名"下拉列表中选择"宋体"。

（4）单击 应用(A) 按钮完成。

设置字体、字高和特殊效果等外部特征以及修改、删除文字样式等操作是在"文字样式"对话框中进行的。为了让同学们更好地了解文字样式，本教材将对该对话框的常用选项作详细介绍。

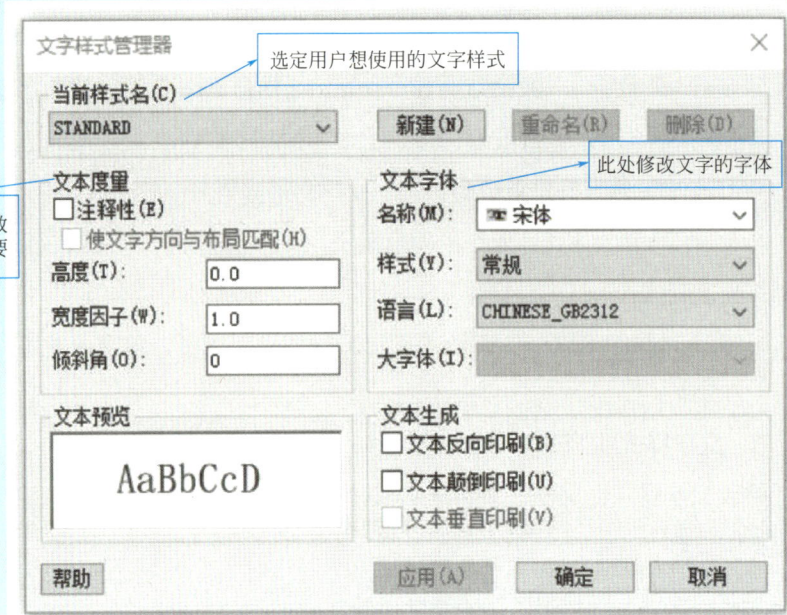

图 4-15 "文字样式"对话框

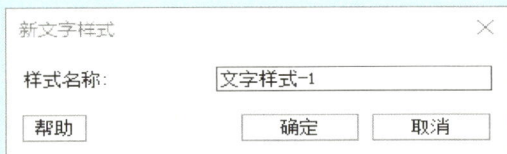

图 4-16 "新建文字样式"对话框

4.9.2 单行文字

用 DTEXT 命令可以非常灵活地创建文字项目。发出此命令后,用户不仅可以设定文本的对齐方式及文字的倾斜角度,而且还能用十字光标在不同的地方选取点以定位文本的位置(系统变量 DTEXTED 等于 1),该特性使用户只发出一次命令就能在图形的任何区域放置文本。另外,DTEXT 命令还提供了屏幕预演的功能,即在输入文字的同时也显示在屏幕上,这样用户就能很容易地发现文本输入的错误,以便及时修改。

1. 命令启动方法

默认情况下,文字关联的文字样式是 Standard,采用的字体是 txt.shx。如果用户要输入中文,应修改当前文字样式,使其与中文字体相联。此外,用户也可创建一个采用中文字体的新文字样式。

(1)菜单: "绘图" / "文字" / "单行文字"。

（2）命令：DTEXT（快捷键 DT）。

2. 命令选项

（1）样式（S）：指定当前文字样式。

（2）对正（J）：设定文字的对齐方式。

用 DTEXT 命令可连续输入多行文字，每行均可按 Enter 键结束，但用户不能控制各行的间距。它的优点是由于文字对象的每一行都是一个单独的实体，因此用户对每行进行重新定位或编辑都很容易。

【例 4-11】练习 DTEXT 命令。

命令：DTEXTED

输入 DTEXTED 的新值 <2>：1   // 设置系统变量 DTEXTED 为 1，否则，只能一次在一个位置输入文字。

命令：DTEXT

指定文字的起点或 [对正（J）/ 样式（S）]： // 拾取 A 点作为单行文字的起始位置，如图 4-17 所示。

指定文字高度 <2.5>： // 输入文字的高度值或按 Enter 键接受默认值。

指定文字的旋转角度 <0>： // 输入文字的倾斜角或按 Enter 键接受默认值。

输入文字：CAD 单行文字   // 输入一行文字

输入文字： // 可移动光标到图形的其他区域并单击一点以指定文本的位置。
  // 按 Enter 键结束

结果如图 4-17 所示。

CAD单行文字

图 4-17 单行文字效果

4.9.3 多行文字

MTEXT 命令可以创建复杂的文字说明。用 MTEXT 命令生成的文字段落称为"多行文字"，它可由任意数目的文字行组成，所有的文字构成一个单独的实体。使用 MTEXT 命令时，用户可以指定文本分布的宽度，但文字沿竖直方向可无限延伸。另外，用户还能设置多行文字中单个字符或某一部分文字的属性（包括文本的字体、倾斜角度和高度等）。

1. 命令启动方法

（1）菜单："绘图"/"文字"/"多行文字"。

（2）命令：MTEXT（快捷键 MT）。

创建多行文字时，用户首先要建立一个文字边框，此边框限定了段落文字的左右边界。

【例 4-12】练习 MTEXT 命令。

启动 MTEXT 命令后提示：

指定第一角点：　　　　　　// 用户在屏幕上指定文字边框的一个角点

指定对角点：　　　　　　　// 指定文字边框的对角点

当指定了文本边框的第一个角点后，再拖动光标指定矩形分布区域的另一个角点，一旦建立了文本边框，中望 CAD 就打开"多行文字编辑器"，该编辑器由"文字格式"工具栏及顶部带标尺的文字输入框组成，如图 4-18 所示。利用它们可创建文字并设置文字样式、对齐方式、字体、字高等属性。

图 4-18　"文字样式"编辑器

【例 4-13】创建多行文字，文字内容如图 4-19 所示。

（1）单击"绘图"工具栏上的"多行文字"按钮，或键入 MTEXT 命令，中望 CAD 提示：

指定第一角点：　　　　　　　　　// 点击一点作为文本框左上角点

指定对角点：　　　　　　　　　　// 点击一点作为文本框右下角点

技术要求

1. 两端中心孔B4 GB145-59

2. 调质处理HB220-240

图 4-19　在多行文字文本框中输入文字

（2）打开"多行文字编辑器"，在"字体"下拉列表中选择"宋体"，在"字体高度"文本框中输入数值"3"，然后键入文字，如图4-19所示。

（3）将十字光标移开，单击鼠标左键，结果如图4-20所示。

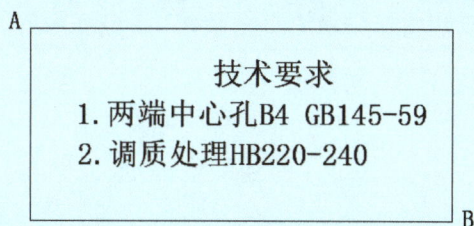

技术要求
1. 两端中心孔B4 GB145-59
2. 调质处理HB220-240

图4-20 完成多行文字命令

2. 特殊字符

下面的练习介绍了如何在多行文字中加入特殊字符，文字内容如下：

蜗轮分度圆直径 ϕ =100

齿形角 α =20°

导程角 γ =14°

【例4-14】添加特殊字符

（1）单击"绘图"工具栏上的"多行文字"，再指定文字分布密度，中望CAD打开"多行文字编辑器"，在"字体"下拉列表中选择"宋体"，在"字体高度"文本框中输入数值"3"，然后键入文字，如图4-21所示。

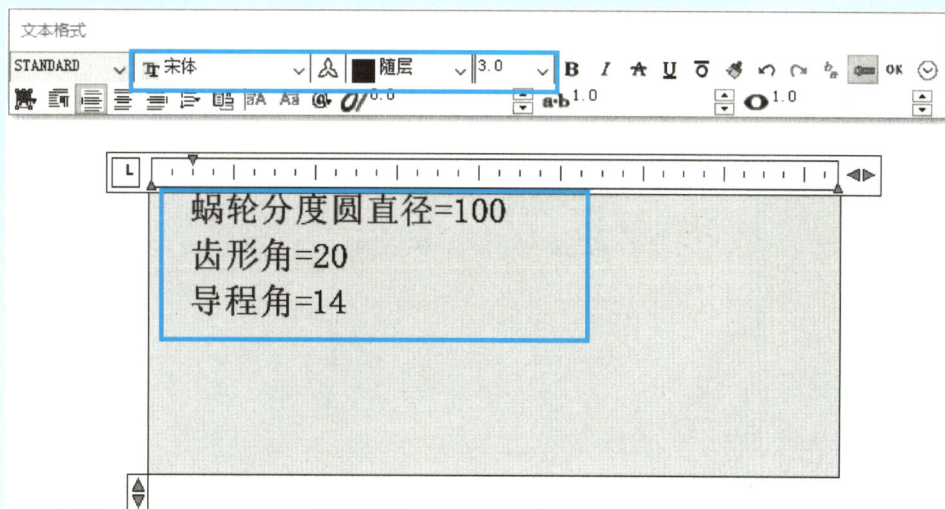

图4-21 设置文字属性

（2）在要插入直径符号的地方单击鼠标左键，再指定当前文字为 TXT，然后单击鼠标右键，弹出快捷菜单，选取"符号"/"直径"选项，结果如图 4-22 所示。

图 4-22　输入直径

（3）在要插入符号"。"的地方单击鼠标左键，然后单击鼠标右键，弹出快捷菜单，选取"符号"/"度数"选项。

（4）在文本输入窗口中单击鼠标右键，弹出快捷菜单，选取"符号"/"其他"选项，打开"字符映射表"对话框，在对话框的"字体"下拉列表中选择 Symbol 字体，然后选取需要的符号"α"，如图 4-23 所示。

图 4-23　选取符号"α"

（5）单击 选择(S) 按钮，再点击 复制(C) 按钮。

（6）返回"多行文字编辑器"，在需要插入符号"α"的地方单击鼠标左键，然后单击鼠标右键，弹出快捷菜单，选取"粘贴"选项，结果如图 4-24 所示。

建筑 CAD

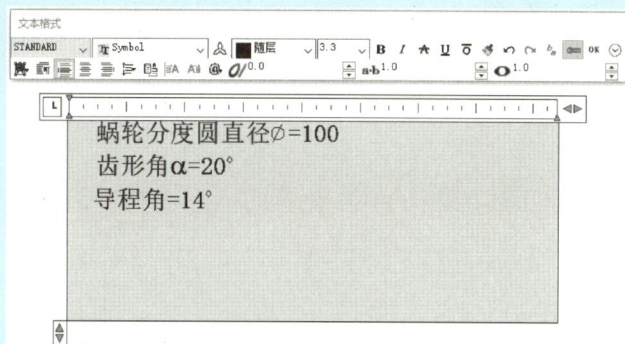

图 4-24　粘贴符号"α"

（7）把"α"符号的高度修改为"3"，结果如图 4-25 所示。

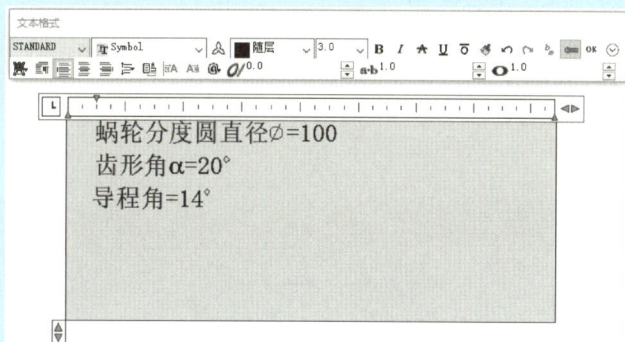

图 4-25　修改符号高度

（8）用同样方法插入符号"γ"，结果如图 4-26 所示。

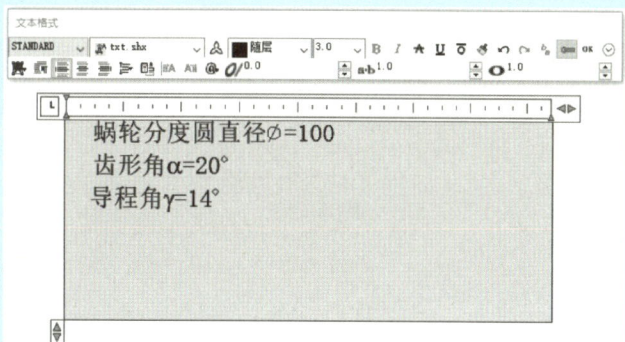

图 4-26　插入符号"γ"

（9）将十字光标移开，单击完成。

1. 按照图 4-27 标注的尺寸抄绘桌子投影图。

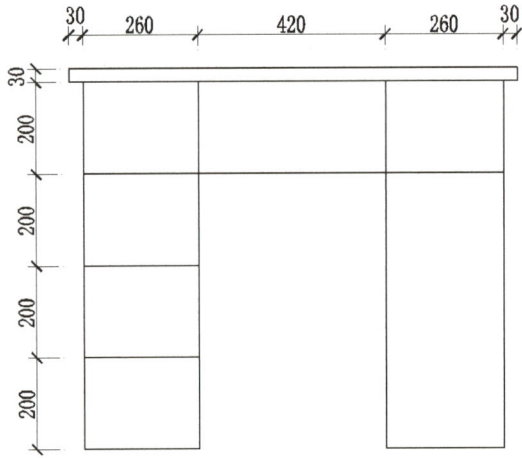

图 4-27

2. 抄绘图 4-28 房屋的投影图。

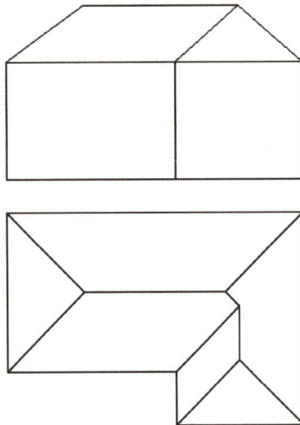

图 4-28

3. 抄绘图 4-29 零件的投影图。

4. 抄绘图 4-30 台阶的投影图。

5. 抄绘图 4-31 的图形。

图 4-29

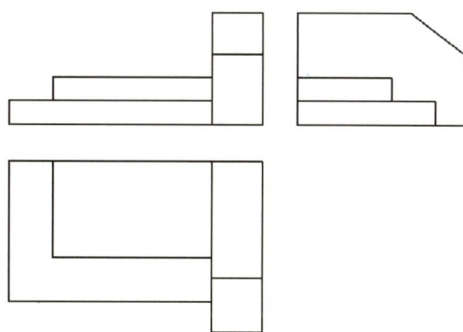

图 4 30

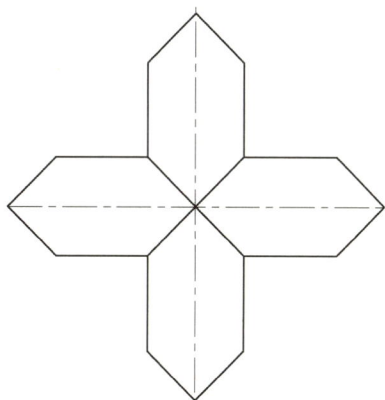

图 4-31

单元 5
编辑命令

建筑 CAD

编辑命令

复制
命令：COPY（快捷键CO），用于将图形对象生成相同的若干个
通过指定位移的距离和方向进行复制

移动
命令：MOVE（快捷键M），用于移动图形
通过指定位移的距离和方向进行移动

缩放
命令：SCALE（快捷键SC），用于将对象放大或缩小
比例因子大于1则放大，介于0至1之间则缩小

旋转
命令：ROTATE（快捷键RO），用于旋转图形
通过指定基点和旋转角度旋转

镜像
命令：MIRROR（快捷键MI），用于绕指定轴创建对称的镜像图像
指定临时镜像线，并选择删除/保留原对象

偏移
命令：OFFSET（快捷键O），用于将对象平移指定的距离
通过输入平行线间的距离进行偏移

阵列
命令：ARRAY（快捷键AR），用于生成规则分布的图形对象
可进行矩形阵列及环形阵列

修剪
命令：TRIM（快捷键TR），用于将线条的某一部分修剪掉
选择边界及需要修剪的线条

延伸
命令：EXTEND（快捷键EX），用于将线条延伸至边界
选择边界及需要延伸的线条

圆角
命令：FILLET（快捷键F），用于利用圆弧光滑地连接两个对象
圆角半径为0时，倒圆角的结果是将两个对象直接相交

拉伸
命令：STRETCH（快捷键S），用于拉伸、缩短及移动实体
利用交叉窗口选择对象，设置方向和长度进行拉伸

1. 知识目标：掌握常见编辑命令的进入方式和参数设置。

2. 能力目标：能灵活应用编辑命令对图形进行编辑。

3. 思政目标：学生在建筑工程技术相关岗位工作过程中更多的是接触修改图纸的工作，即在现有图纸的基础上进行修改。同学们要重视图纸的修改工作，摆脱"只有绘图才是重要工作"的思想，在工作中积极面对修改图纸的工作，认真、灵活掌握各项编辑命令。在工作中每一项具体的工作内容都是工程的重要组成部分，每个人都应该将自己负责的内容努力完成好，配合团队完成工作。

5.1 复制

复制命令可以将图形对象生成相同的若干个，大大减去重复劳动。

命令启动方法：

（1）菜单："修改"/"复制"。

（2）命令：COPY（快捷键 CO）。

（3）工具栏："修改"工具栏上的 按钮。

【例 5-1】练习 COPY 命令。将图 5-1（a）用 COPY 命令将圆从参照点 A 复制至点 B，将矩形复制至向右侧 2000，向上 3000 位置，修改成图 5-1（b）。

命令：COPY

选择对象：指定对角点：找到 1 个　　　　　　　　//选择圆

选择对象：　　　　　　　　　　　　　　　　　　//按 Enter 键确认

指定基点或［位移（D）/模式（O）］<位移>：　//捕捉交点 A

指定第二点的位移或者［阵列（A）]<使用第一点当做位移>：

　　　　　　　　　　　　　　　　　　　　　　　//捕捉交点 B

指定第二个点或［阵列（A）/退出（E）/放弃（U）]<退出>：

　　　　　　　　　　　　　　　　　　　　　　　//按 Enter 键结束

命令：COPY　　　　　　　　　　　　　　　　　　//重复命令

选择对象：指定对角点：找到 1 个　　　　　　　　//选择矩形

指定基点或［位移（D）/模式（O）］<位移>：@2000，3000

　　　　　　　　　　　　　　　　　　　　　　　//输入沿 X，Y 轴移动的

　　　　　　　　　　　　　　　　　　　　　　　距离

指定第二点的位移或者［阵列（A）]<使用第一点当做位移>：

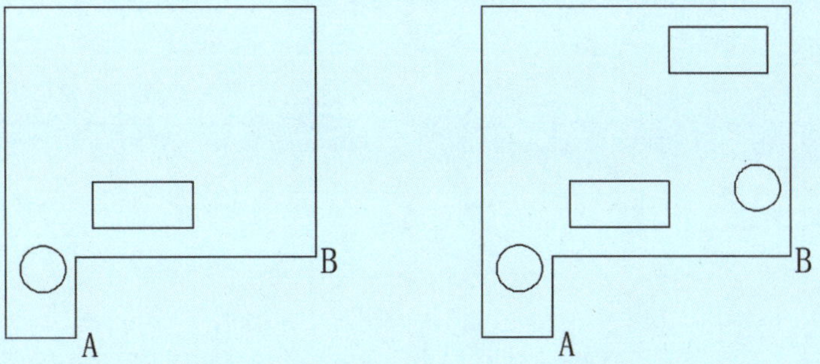

(a) 准备将矩形和圆复制　　　　　　　　　(b) 复制结果

图 5-1　复制命令的使用

使用 COPY 命令时，用户需指定原对象位移的距离和方向。

5.2　移动

移动图形实体的命令是 MOVE、复制图形实体的命令是 COPY，这两个命令都可以在二维、三维空间中操作，它们的使用方法是相似的。发出 MOVE 或 COPY 命令后，用户选择要移动或复制的图形元素，然后通过两点或直接输入位移值来指定对象移动的距离和方向，中望 CAD 就会将图形元素从原位置移动或复制到新位置。

1. 命令启动方法

（1）菜单："修改"/"移动"。

（2）命令：MOVE（快捷键 M）。

（3）工具栏："修改"工具栏上的 按钮。

【例 5-2】练习 MOVE 命令。将图 5-2（a）用 MOVE 命令将圆从参照点 A 移动至 B，将矩形向右移动 90，向上移动 30，修改成图 5-2（b）。

命令：MOVE

选择对象：指定对角点：找到 1 个　　　　　　　　　// 选择圆

选择对象：　　　　　　　　　　　　　　　　　　　// 按 Enter 键确认

指定基点或 [位移（D）]< 位移 >：　　　　　　　　// 捕捉交点 A

指定第二点的位移或者 < 使用第一点当做位移 >：　　// 捕捉交点 B

命令：MOVE　　　　　　　　　　　　　　　　　　// 重复命令

选择对象：指定对角点：找到 1 个　　　　　　　　　// 选择矩形

指定基点或 [位移（D）]< 位移 >：@ 90，30   //输入沿 X，Y 轴移动的距离
指定第二点的位移或者 < 使用第一点当做位移 >：   // 按 Enter 键结束
结果如图 5-2（b）。

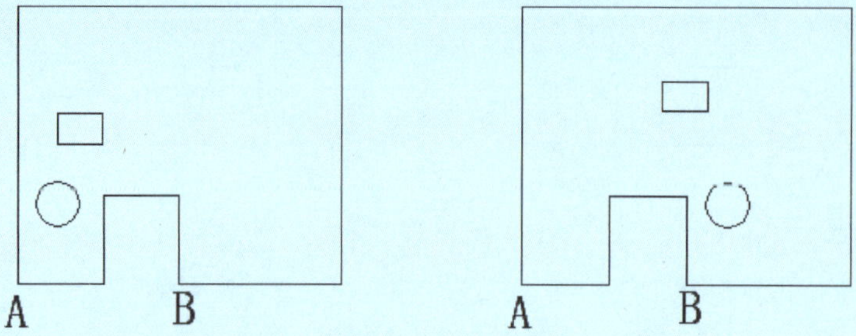

(a) 准备将图形移动   (b) 移动结果

图 5-2   移动命令的使用

2．命令选项

使用 MOVE 命令时，用户可以通过以下方式指明对象移动的距离和方向。

（1）在屏幕上指定两个点，这两点的距离和方向代表了实体移动的距离和方向。当中望 CAD 提示"指定基点或 [位移（D）]< 位移 >："时，指定移动的基准点。在中望 CAD 提示"指定第二点的位移或者 < 使用第一点当做位移 >："时，捕捉第二点或输入第二点相对于基准点的相对直角坐标或极坐标。

（2）以"x，y"方式输入对象沿 X、Y 轴移动的距离，或用"距离 < 角度"方式输入对象位移的距离和方向。当中望 CAD 提示"指定基点或 [位移（D）]< 位移 >："时，输入位移值。在中望 CAD 提示"指定第二点的位移或者 < 使用第一点当做位移 >："时，按 Enter 键确认，这样中望 CAD 就以输入的位移值移动实体对象。

（3）打开正交状态，将对象只沿 X 或 Y 轴方向移动。当中望 CAD 提示"指定基点或位移："时，单击一点并把实体向水平或竖直方向移动（正交状态已打开），然后输入位移的数值。

5.3   缩放

SCALE 命令可将对象按指定的比例因子相对于基点放大或缩小。使用此命令时，可以用下面的两种方式缩放对象。

（1）选择缩放对象的基点，然后输入缩放比例因子。在比例变换图形的过程中，缩放基点在屏幕上的位置将保持不变，它周围的图形元素以此点为中心按给定的比例因

子放大或缩小。

（2）输入一个数值或拾取两点来指定一个参考长度（第一个数值），然后再输入新的数值或拾取另外一点（第二个数值），则中望CAD计算两个数值的比率并以此比率作为缩放比例因子。当用户想将某一对象放大到特定尺寸时，就可使用这种方法。

1. 命令启动方法

（1）菜单："修改"/"缩放"。

（2）命令：SCALE（快捷键SC）。

（3）工具栏："修改"工具栏上的 缩放 按钮。

【例5-3】练习SCALE命令。将图5-3（a）用SCALE命令将矩形A放大为2倍，将矩形B放大为DE和DF等长，修改成图5-3（b）。

命令：SCALE

选择对象：指定对角点：找到1个   // 选择矩形A

选择对象：   // 按Enter键确认

指定基点：   // 捕捉交点C

指定缩放比例或[复制（C）/参照（R）]<1.0>：2   // 输入缩放比例因子

命令：SCALE   // 重复命令

选择对象：指定对角点：找到4个   // 选择线框B

选择对象：   // 按Enter键确认

指定基点：   // 捕捉交点D

指定缩放比例或[复制（C）/参照（R）]<2.0>：r   // 使用"参照（R）"选项

指定参照长度<1.0>：   // 捕捉交点D

请指定第二点获取距离：   // 捕捉交点E

指定新长度或[点（P）]<1.0>：   // 捕捉交点F

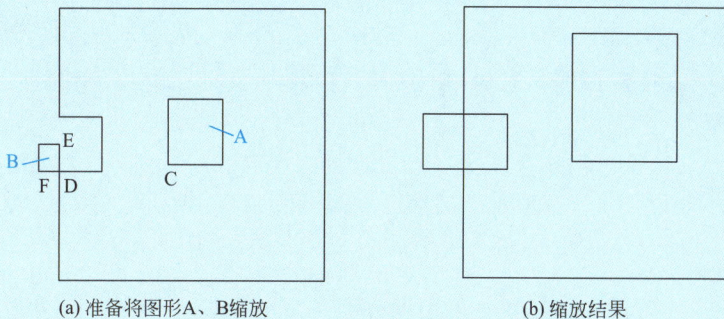

(a) 准备将图形A、B缩放   (b) 缩放结果

图5-3 缩放命令的使用

2. 命令选项

（1）指定比例因子：直接输入缩放比例因子，中望 CAD 根据此比例因子缩放图形。若比例因子小于 1，则缩小对象；否则，放大对象。

（2）复制（C）：缩放对象的同时复制对象。

（3）参照（R）：以参照方式缩放图形。用户输入参考长度及新长度，中望 CAD 把新长度与参考长度的比值作为缩放比例因子进行缩放。

（4）点（P）：使用两点来定义新的长度。

比例缩放真正改变了图形的大小，和视图显示中的 ZOOM 命令有本质的区别，ZOOM 命令仅仅改变了显示的大小，而图形对象本身并无任何大小变化。

5.4 旋转

ROTATE 命令可以旋转图形对象并改变图形对象的方向。使用此命令时，用户指定旋转基点并输入旋转角度就可以转动图形对象。此外，也允许以某个方位作为参照位置，然后选择一个新对象或输入一个新角度值来指明要旋转到的位置。

1. 命令启动方法

（1）菜单："修改"/"旋转"。

（2）命令：ROTATE（快捷键 RO）。

（3）工具栏："修改"工具栏上的 ↻ 旋转 按钮。

【例 5-4】练习 ROTATE 命令。将图 5-4（a）用 ROTATE 命令逆时针旋转 30°，修改成图 5-4（b）。

命令：ROTATE

选择对象： // 选择要旋转的对象

选择对象： // 按 Enter 键确认

指定基点： // 捕捉 A 点作为旋转基点

指定旋转角度或 [复制（C）/参照（R）] <0>：30 // 输入旋转角度 30°

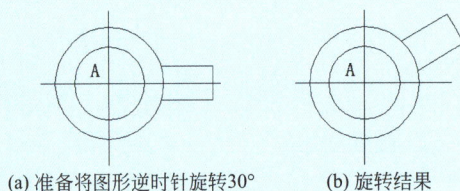

(a) 准备将图形逆时针旋转30°   (b) 旋转结果

图 5-4 旋转命令的使用

2. 命令选项

（1）指定旋转角度：指定旋转基点并输入绝对旋转角度来旋转对象。旋转角是基于当前用户坐标系测量的。如果输入负的旋转角，则选定的对象顺时针旋转，反之被选择的对象逆时针旋转。

（2）复制（C）：旋转对象的同时复制对象。

（3）参照（R）：指定某个方向作为起始参照角，然后选择一个新对象以指定原对象要旋转到的位置，也可以输入新角度值来指明要旋转到的方位，如图 5-5 所示。

命令：ROTATE

选择对象：   // 选择要旋转的对象

选择对象：   // 按 Enter 键确认

指定基点：   // 捕捉 A 点作为旋转基点

指定旋转角度或 [复制（C）/ 参照（R）] <0>：   // 输入旋转角度

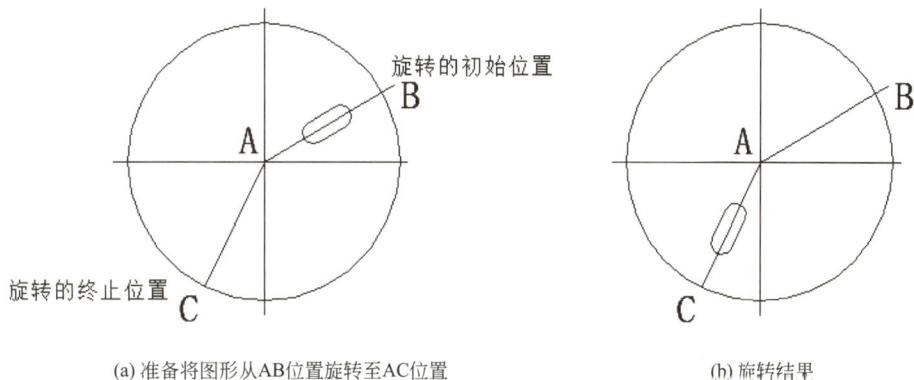

(a) 准备将图形从AB位置旋转至AC位置   (b) 旋转结果

图 5-5   使用参照进行旋转

5.5　镜像

MIRROR 命令可以绕指定轴翻转对象创建对称的镜像图像。镜像对创建对称的对象非常有用，由于可以快速地先绘制半个对象，再将其镜像，从而不必绘制整个对象。绕轴（镜像线）翻转对象创建镜像图像，要指定临时镜像线，并选择是删除原对象还是保留原对象。

1. 命令启动方法

（1）菜单："修改" / "镜像"。

（2）命令：MIRROR（快捷键 MI）。

（3）工具栏："修改"工具栏上的 ◢◣ 镜像按钮。

【例5-5】练习MIRROR命令。将图5-6(a)用MIRROR命令修改成图5-6（b）、（c）。

命令：MIRROR

选择对象：指定对角点：找到8个　　　　　　　// 选择镜像对象

选择对象：　　　　　　　　　　　　　　　　// 按 Enter 键确认

指定镜像线的第一点：　　　　　　　　　　　// 拾取镜像线上的第一点

指定镜像线的第二点：　　　　　　　　　　　// 拾取镜像线上的第二点

是否删除源对象？［是（Y）/否（N）］<N>：N　// 镜像时不删除原对象

结果如图5-6所示，该图中还显示了镜像时删除原对象的结果。

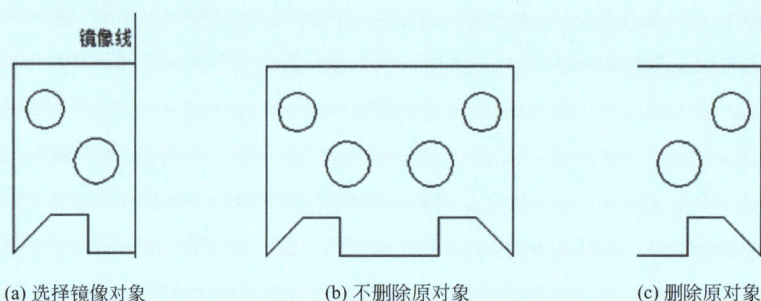

图 5-6　镜像命令的使用

2. 镜像文字参数设置

默认情况下，镜像文字、属性和属性定义时，它们在镜像图像中不会反转或倒置。文字的对齐和对正方式在镜像对象前后相同。如果确实要反转文字，请将 MIRRTEXT 系统变量设置为1。镜像插入块时，作为插入块一部分的文字和常量属性都将被反转，而不管 MIRRTEXT 设置。

5.6　偏移

OFFSET 命令可将对象平移指定的距离，创建一个与原对象类似的新对象，它可操作的图元包括线段、圆、圆弧、多段线、椭圆、构造线及样条曲线等。当平移一个圆时，可创建同心圆。当平移一条闭合的多段线时，也可建立一个与原对象形状相同的闭合图形。

使用 OFFSET 命令时，用户可以通过两种方式创建新线段，一种是输入平行线间的距离，另一种是指定新平行线通过的点。

1. 命令启动方法

（1）菜单："修改"/"偏移"。

（2）命令：OFFSET（快捷键 O）。

（3）工具栏："修改"工具栏上的 按钮。

【例5-6】练习 OFFSET 命令。将图 5-7（a）用 OFFSET 命令将 AB 向内侧偏移 100，将 EF 通过 K 点偏移，修改成图 5-7（b）。

命令：OFFSET   // 绘制与 AB 平行的线段 CD

指定偏移距离或 [通过（T）/ 擦除（E）/ 图层（L）]<1.0>：100

                  // 输入平行线间距离

选 1 择要偏移的对象或 [放弃（U）/ 退出（E）]< 退出 >：

                  // 选择线段 AB

指定目标点或 [退出（E）/ 多个（M）/ 放弃（U）]< 退出 >：

                // 在线段 AB 右边单击一点

选择要偏移的对象或 [放弃（U）/ 退出（E）]< 退出 >： // 按 Enter 键结束

命令：OFFSET   // 过 K 点绘制 EF 的平行

                 线 GH

指定偏移距离或 [通过（T）/ 擦除（E）/ 图层（L）]<100.0>：t

                // 选取"通过（T）"选项

选择要偏移的对象或 [放弃（U）/ 退出（E）]< 退出 >： // 选择线段 EF

指定通过点：   // 捕捉平行线通过的点 K

选择要偏移的对象或 [放弃（U）/ 退出（E）]< 退出 >： // 按 Enter 键结束

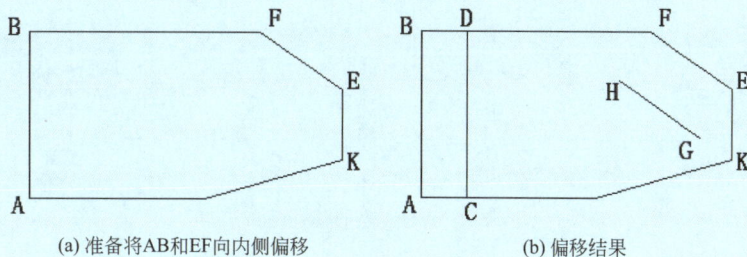

(a) 准备将AB和EF向内侧偏移   (b) 偏移结果

图 5-7 使用偏移命令做平行线

2. 命令选项

（1）指定偏移距离：用户输入平移距离值，中望 CAD 根据此数值偏移原始对象来产生新对象。

（2）通过（T）：通过指定点创建新的偏移对象。

（3）删除（E）：偏移源对象后将其删除。

（4）图层（L）：指定将偏移后的新对象放置在当前图层上或源对象所在的图层上。

（5）多个（M）：在要偏移的一侧单击多次，即可创建多个等距对象。

（6）放弃（U）：恢复前一个偏移。

5.7　阵列

对于规则分布的图形对象，可以通过矩形或者环形阵列命令快速产生。

1. 命令启动方法

（1）菜单："修改"/"阵列"。

（2）命令：ARRAY（快捷键 AR）。

（3）工具栏："修改"工具栏上的品按钮。

2. 矩形阵列

矩形阵列是指将对象按行、列方式进行排列。操作时，用户一般应指定阵列的行数、列数、行间距及列间距等，如果要沿倾斜方向生成矩形阵列，还应输入阵列的倾斜角度。

【例5-7】练习矩形阵列命令。将图5-8（a）用ARRAY命令修改成图5-8（b）。

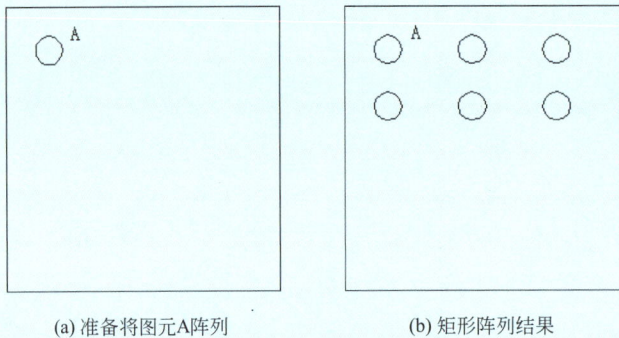

(a) 准备将图元A阵列　　　　(b) 矩形阵列结果

图 5-8　矩形阵列

（1）点击品按钮。

（2）选择对象圆 A，按 Enter 键确认，结果如图 5-9 所示，出现对阵列的尺寸布置，输入列数为"3"，列间距为"30"，行数为"2"，行间距为"20"，按 Enter 键结束。

类型		列				行			层		特性		关闭
矩形	列数	3	行数	2	增量	0.0	层数	1	关联	基点	关闭阵列		
	介于	30.0	介于	20.0			介于	1.0					
	总计	90.0	总计	40.0			总计	1.0					

图 5-9　阵列参数设置

3．环形阵列

环形阵列是指把对象绕阵列中心等角度均匀分布。决定环形阵列的主要参数有阵列中心、阵列总角度及阵列数目。此外，环形阵列也可通过输入阵列总数及每个对象间的夹角来生成。

【例5-8】练习环形阵列命令。将图5-10（a）用ARRAY命令修改成图5-10（b）。

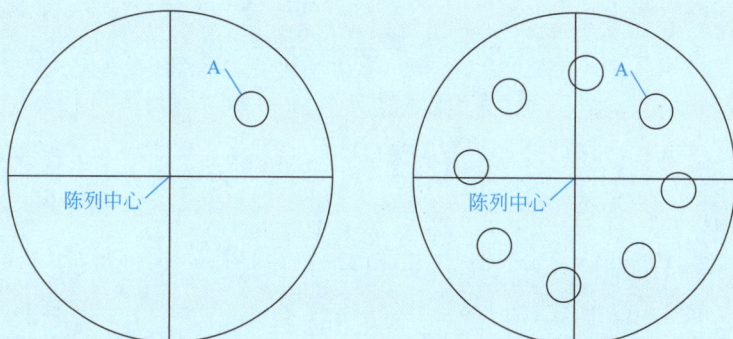

(a) 准备将图元A阵列　　　　　(b) 环形阵列结果

图 5-10　环形阵列

（1）点击 按钮

（2）选择对象圆 A，按 Enter 键确认，指定阵列的中心点后出现如图 5-11 所示的选项，设置选择项目数为 8，填充 360°。

类型		项目		行				层		特性				关闭
环形	项目数	6	行数	1	增量:	0.0	层数	1	关联	基点	旋转项目	方向	关闭阵列	
	介于	60	介于	60.0			介于	1.0						
	填充	360	总计	60.0			总计	1.0						

图 5-11　环形阵列参数设置

5.8　修剪

绘图过程中，常有许多线条交织在一起，若想将线条的某一部分修剪掉，可使用 TRIM 命令。启动该命令后，中望 CAD 提示用户指定一个或几个对象作为剪切边（可以想象为剪刀），然后用户就可以选择被剪掉的部分。剪切边可以是线段、圆弧及样条曲线等对象，剪切边本身也可作为被修剪的对象。

1. 命令启动方法

（1）菜单："修改"/"修剪"。

（2）命令：TRIM（快捷键TR）。

（3）工具栏："修改"工具栏上的 ⊬ 修剪 按钮。

【例5-9】 练习TRIM命令。将图5-12（a）用TRIM命令修改成图5-12（b）。

命令：TRIM

选取对象来剪切边界＜全选＞：找到1个 　　　　　　　// 选择剪切边 AB

选取对象来剪切边界＜全选＞：找到1个，共计2个 　// 选择剪切边 CD

选取对象来剪切边界＜全选＞： 　　　　　　　　　　// 按 Enter 键确认

选择要修剪的实体，或按住 Shift 键选择要延伸的实体，或［边缘模式（E）/ 围栏（F）/窗交（C）/投影（P）/删除（R）/放弃（U）］： // 选择被修剪的部分

选择要修剪的实体，或按住 Shift 键选择要延伸的实体，或［边缘模式（E）/ 围栏（F）/窗交（C）/投影（P）/删除（R）/放弃（U）］： // 选择其他被修剪 的部分

选择要修剪的实体，或按住 Shift 键选择要延伸的实体，或［边缘模式（E）/ 围栏（F）/窗交（C）/投影（P）/删除（R）/放弃（U）］： // 选择其他被修剪 的部分

选择要修剪的实体，或按住 Shift 键选择要延伸的实体，或［边缘模式（E）/ 围栏（F）/窗交（C）/投影（P）/删除（R）/放弃（U）］： // 按 Enter 键结束

结果如图5-12（b）所示。

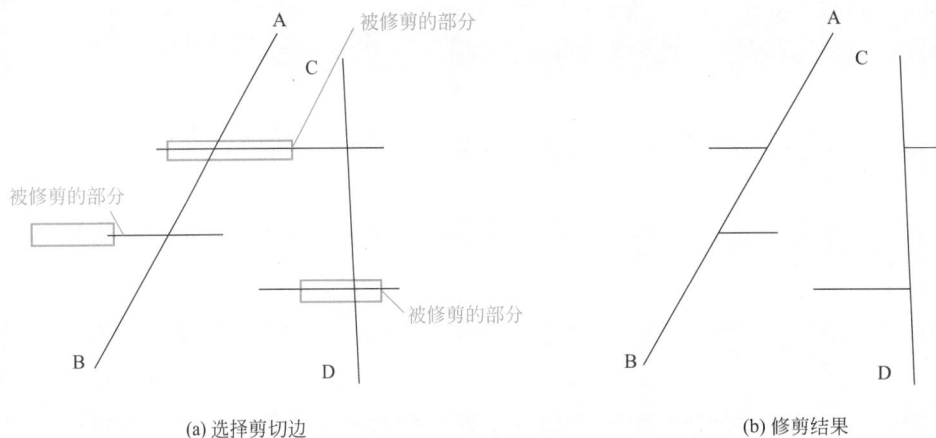

(a) 选择剪切边　　　　　　　　　　　　　　　(b) 修剪结果

图 5-12　修剪命令的使用

　·　·　　　　　　　　　　　　　　　　　　　　　　　　建筑 CAD

2. 命令选项

（1）按住 Shift 键选择要延伸的实体：将选定的对象延伸至剪切边。

（2）围栏（F）：用户绘制连续折线，与折线相交的对象被修剪。

（3）窗交（C）：该选项用于选择矩形区域（由两点确定）内部或与之相交的对象。

（4）投影（P）：该选项可以使用户指定执行修剪的空间。例如，若三维空间中两条线段呈交叉关系，用户可利用该选项假想将其投影到某一平面上执行修剪操作。

（5）边缘模式（E）：选取此选项，中望 CAD 提示：

输入隐含边延伸模式 [延伸（E）/ 不延伸（N）]< 不延伸 >：

1）延伸（E）：如果剪切边太短，没有与被修剪对象相交，中望 CAD 假想将剪切边延长，然后执行修剪操作，如图 5-13 所示。

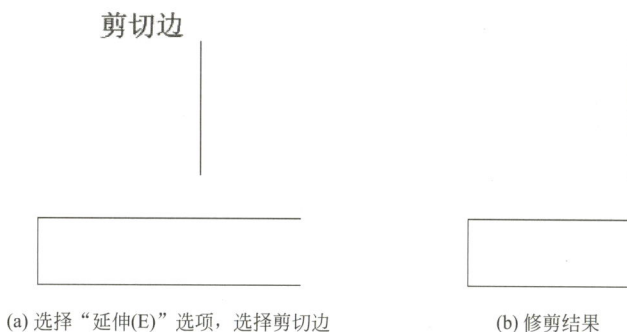

剪切边

(a) 选择"延伸(E)"选项，选择剪切边　　(b) 修剪结果

图 5-13　修剪命令中"延伸"选项设置

2）不延伸（N）：只有当剪切边与被剪切对象实际相交，才进行修剪。

（6）删除（R）：该项用于删除不需要的对象，而无需退出 TRIM 命令。

（7）放弃（U）：若修剪有误，可输入字母"U"撤销修剪。

5.9　延伸

利用 EXTEND 命令可以将线段、曲线等对象延伸到一个边界对象，使其与边界对象相交。有时边界对象可能是隐含边界，这时对象延伸后并不与实体直接相交，而是与边界的隐含部分相交。

1. 命令启动方法

（1）菜单："修改"/"延伸"。

（2）命令：EXTEND（快捷键 EX）。

（3）工具栏："修改"工具栏上的 延伸 按钮。

【**例 5-10**】练习 EXTEND 命令。将图 5-14（a）用 EXTEND 命令修改成图 5-14（b）。

命令：EXTEND

选择边界对象做延伸＜回车全选＞：找到 1 个   // 选择边界线段 C

选择边界对象做延伸＜回车全选＞：   // 按 Enter 键

选择要延伸的实体，或按住 Shift 键选择要修剪的实体，或 [边缘模式（E）/围栏（F）/窗交（C）/投影（P）/放弃（U）]：   // 选择要延伸的线段 A

选择要延伸的实体，或按住 Shift 键选择要修剪的实体，或 [边缘模式（E）/围栏（F）/窗交（C）/投影（P）/放弃（U）]：   // 利用"边缘模式（E）"
选项将线段 B 延伸

输入隐含边延伸模式 [延伸（E）/不延伸（N）]＜不延伸＞：E
     // 指定"延伸（E）"选项

选择要延伸的实体，或按住 Shift 键选择要修剪的实体，或 [边缘模式（E）/围栏（F）/窗交（C）/投影（P）/放弃（U）]：   // 选择线段 B

选择要延伸的实体，或按住 Shift 键选择要修剪的实体，或 [边缘模式（E）/围栏（F）/窗交（C）/投影（P）/放弃（U）]：   // 按 Enter 键结束

结果如图 5-14（b）所示。

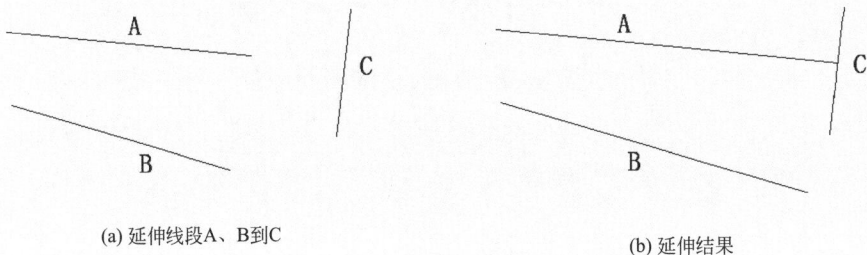

(a) 延伸线段A、B到C   (b) 延伸结果

图 5-14　延伸命令的使用

在延伸操作中，一个对象可同时被用作边界边及延伸对象。

2. 命令选项

（1）按住 Shift 键选择要修剪的实体：将选择的对象修剪到边界而不是将其延伸。

（2）围栏（F）：用户绘制连续折线，与折线相交的对象被延伸。

（3）窗交（C）：利用交叉窗口选择对象。

（4）投影（P）：该选项使用户可以指定延伸操作的空间。对于二维绘图来说，延伸操作是在当前用户坐标平面（XY 平面）内进行的。在三维空间作图时，用户可通

过该选项将两个交叉对象投影到 XY 平面或当前视图平面内执行延伸操作。

（5）边缘模式（E）：该选项控制是否把对象延伸到隐含边界。当边界边太短，延伸对象后不能与其直接相交时（图 5-14 中的边界边 C），就打开该选项。此时软件假想将边界边延长，然后使延伸边伸长到与边界相交的位置。

（6）放弃（U）：取消上一次的操作。

5.10　圆角

倒圆角是利用指定半径的圆弧光滑地连接两个对象，操作的对象包括直线、多段线、样条线、圆和圆弧等。对于多段线可一次将多段线的所有顶点都光滑地过渡。

1. 命令启动方法

（1）菜单："修改"/"圆角"。

（2）命令：FILLET（快捷键 F）。

（3）工具栏："修改"工具栏上的 按钮。

【例 5-11】练习 FILLET 命令。将图 5-15（a）用 FILLET 命令修改成图 5-15（b）。

命令：FILLET

选取第一个对象或 [多段线（P）/ 半径（R）/ 修剪（T）/ 多个（M）/ 放弃（U）]：R
　　　　　　　　　　　　　　　　　　　　　　// 设置圆角半径

圆角半径 <0.0>：1000　　　　　　　　　// 输入圆角半径值

选取第一个对象或 [多段线（P）/ 半径（R）/ 修剪（T）/ 多个（M）/ 放弃（U）]：
　　　　　　　　　　　　　　　　　　　　　　// 选择要倒圆角的第一个对象

选择第二个对象，或按住 Shift 键选择对象以应用角点：
　　　　　　　　　　　　　　　　　　　　　　// 选择要倒圆角的第二个对象

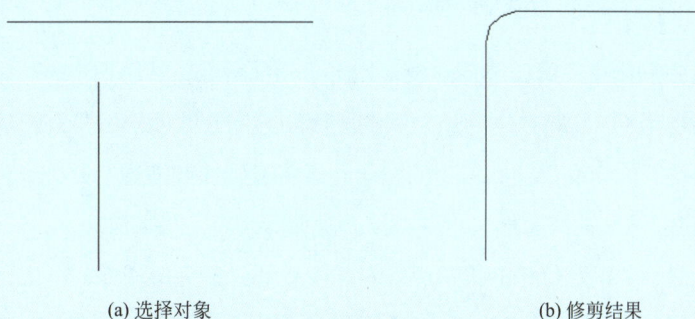

(a) 选择对象　　　　　　　　　　(b) 修剪结果

图 5-15　圆角命令的使用

2. 命令选项

（1）放弃（U）：恢复已执行的上一个操作。

（2）多段线（P）：选择多段线后，中望 CAD 对多段线的每个顶点进行倒圆角操作，如图 5-16（a）所示。

（3）半径（R）：设定圆角半径。若圆角半径为 0，则系统将使被修剪的两个对象交于一点。

（4）修剪（T）：指定倒圆角操作后是否修剪对象，如图 5-16（b）所示。

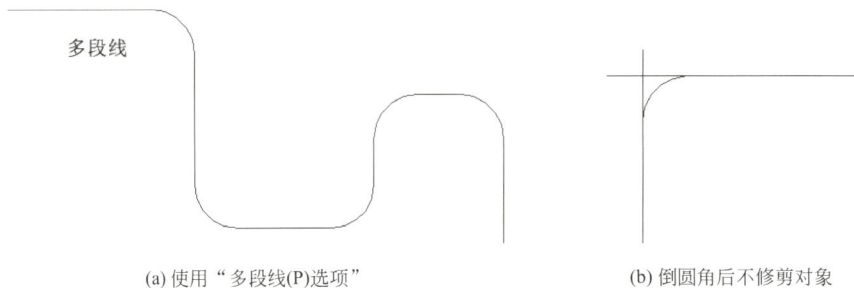

| (a) 使用"多段线(P)选项" | (b) 倒圆角后不修剪对象 |

图 5-16　倒圆角参数设置

（5）多个（M）：可一次创建多个圆角。中望 CAD 将重复提示"选择第一个对象"和"选择第二个对象"，直到用户按 Enter 键结束命令。

（6）按住 Shift 键选择对象以应用角点：若按住 Shift 键选择第二个圆角对象时，则以 0 值替代当前的圆角半径。

5.11　拉伸

STRETCH 命令使用户可以拉伸、缩短及移动实体。该命令通过改变端点的位置来修改图形对象，编辑过程中除被伸长、缩短的对象外，其他图形元素的大小及相互间的几何关系将保持不变。

操作时首先利用交叉窗口选择对象，如图 5-16 所示，然后指定一个基准点和另一个位移点，则中望 CAD 将依据两点之间的距离和方向修改图形，凡在交叉窗口中的图元顶点都被移动，而与交叉窗口相交的图形元素将被延伸或缩短。此外，还可通过输入沿 X 或 Y 轴的位移来拉伸图形，当中望 CAD 提示"指定基点或位移："时，直接键入位移值，当提示"指定位移的第二点"时，按 Enter 键完成操作。

如果图样沿 X 或 Y 轴方向的尺寸有错误，或用户想调整图形中某部分实体的位置，就可使用 STRETCH 命令。

命令启动方法：

（1）菜单："修改"/"拉伸"。

（2）命令：STRETCH（快捷键S）。

（3）工具栏："修改"工具栏上的 ↑ 拉伸按钮。

【例5-12】练习STRETCH命令。将图5-17（a）用STRETCH命令修改成图5-17（b）。

命令：STRETCH

选择对象：指定对角点：找到9个　　　　// 以交叉窗口选择要拉伸的对象

选择对象：　　　　　　　　　　　　　　// 按 Enter 键

指定基点或 [位移（D）] < 位移 >：　　// 在屏幕上单击一点

指定第二个点或 < 使用第一个点作为位移 >：　// 在屏幕上单击另一点

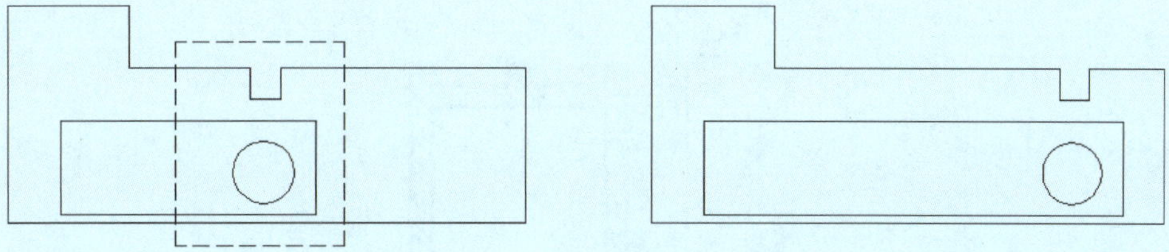

(a) 用交叉窗口选择要拉伸的对象　　　　　　　　(b) 拉伸结果

图 5-17　拉伸命令的使用

使用STRETCH命令时，中望CAD只能识别最新的交叉窗口选择集，以前的选择集将被忽略。

📑 习题

1. 抄绘图 5-18 中的窗户。

2. 抄绘图 5-19 中的玻璃幕墙型材断面图。

3. 抄绘图 5-20 顶棚构造。

4. 按照图 5-21 中的尺寸标注抄绘楼梯的梯段。

5. 抄绘图 5-22 中的基础构造图。

6. 抄绘图 5-23 中的变形缝构造。

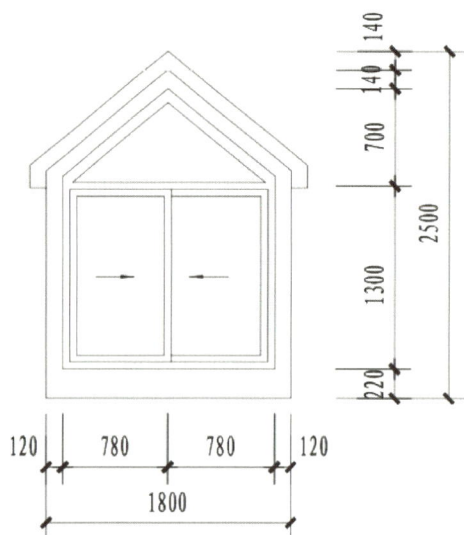

图 5-18

图 5-19

钢筋混凝土楼板,板底预留钢筋头

30厚岩棉板

φ6钢管网双向,与预留钢筋头连接

5厚粉刷石膏,压入玻纤网格布

2厚面层耐水腻子刮平,涂料饰面

图 5-20

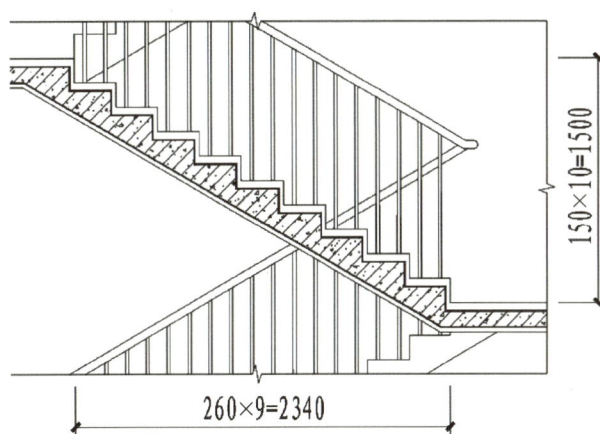

图 5-21

图 5-22

图 5-23

单元 6
标注

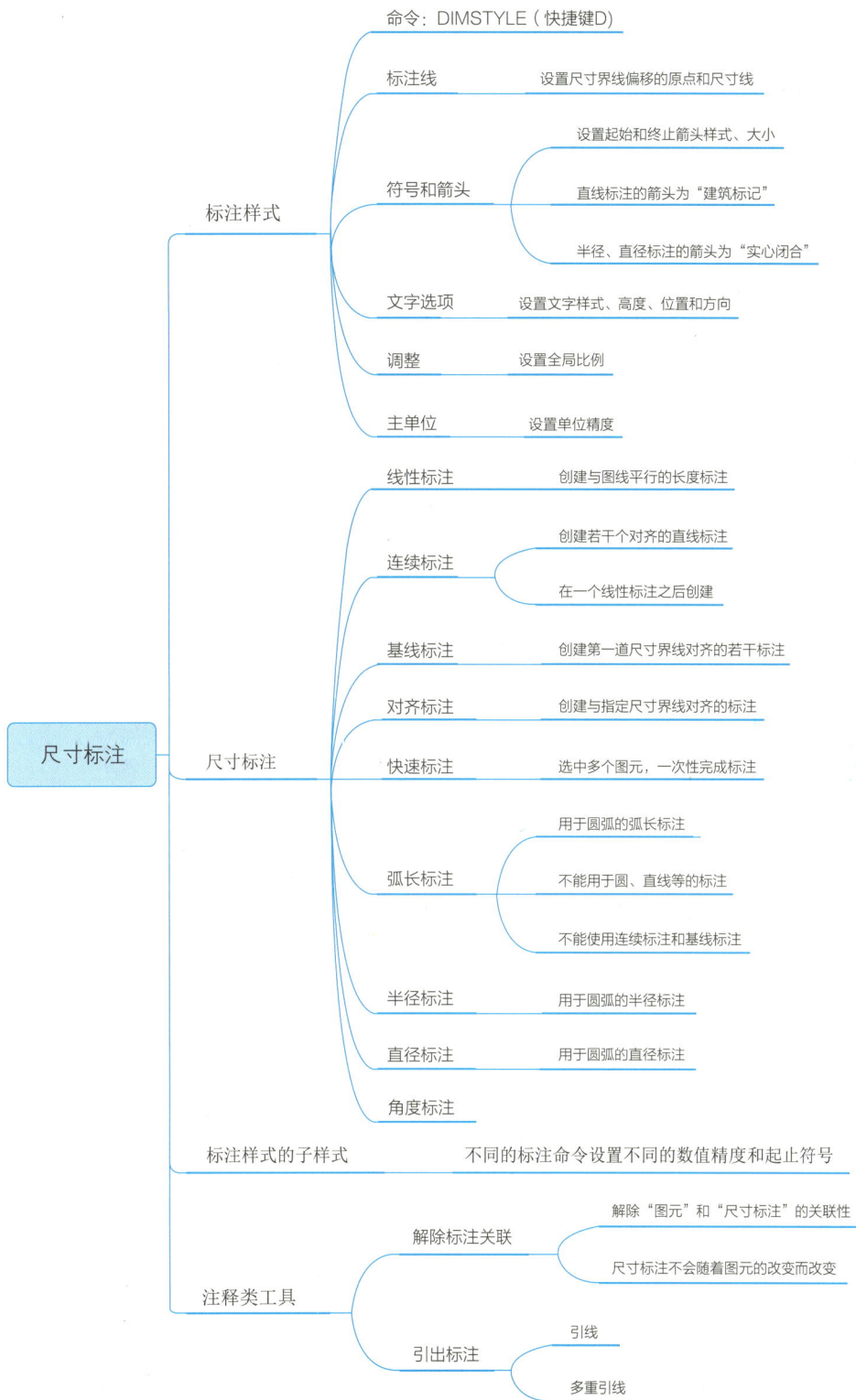

建筑 CAD

尺寸标注

标注样式

命令：DIMSTYLE（快捷键D)

标注线 —— 设置尺寸界线偏移的原点和尺寸线

符号和箭头
- 设置起始和终止箭头样式、大小
- 直线标注的箭头为"建筑标记"
- 半径、直径标注的箭头为"实心闭合"

文字选项 —— 设置文字样式、高度、位置和方向

调整 —— 设置全局比例

主单位 —— 设置单位精度

尺寸标注

线性标注 —— 创建与图线平行的长度标注

连续标注
- 创建若干个对齐的直线标注
- 在一个线性标注之后创建

基线标注 —— 创建第一道尺寸界线对齐的若干标注

对齐标注 —— 创建与指定尺寸界线对齐的标注

快速标注 —— 选中多个图元，一次性完成标注

弧长标注
- 用于圆弧的弧长标注
- 不能用于圆、直线等的标注
- 不能使用连续标注和基线标注

半径标注 —— 用于圆弧的半径标注

直径标注 —— 用于圆弧的直径标注

角度标注

标注样式的子样式 —— 不同的标注命令设置不同的数值精度和起止符号

注释类工具

解除标注关联
- 解除"图元"和"尺寸标注"的关联性
- 尺寸标注不会随着图元的改变而改变

引出标注
- 引线
- 多重引线

1. 知识目标：熟悉标注样式，掌握标注样式的设置；掌握尺寸标注、连续标注、基线标注、对齐标注、快速标注、弧长标注、半径标注、直径标注和角度标注；掌握注释类工具。

2. 能力目标：具备对施工图纸中的图元文件进行标注的能力。

3. 思政目标：标注是绘图工作中重要的辅助功能，在工程人员识图过程中具有重要意义，同学们要认真对待标注工作，使图纸标注全面、有效、准确，培养爱岗敬业和服务精神。

6.1 标注样式

1. 命令启动方法

以下三种方式均可调出"标注样式管理器"对话框，如图6-1所示。

（1）菜单："标注"/"标注样式"。

（2）命令：DIMSTYLE（快捷键D）。

（3）点击"标注样式按钮" ISO-25 。

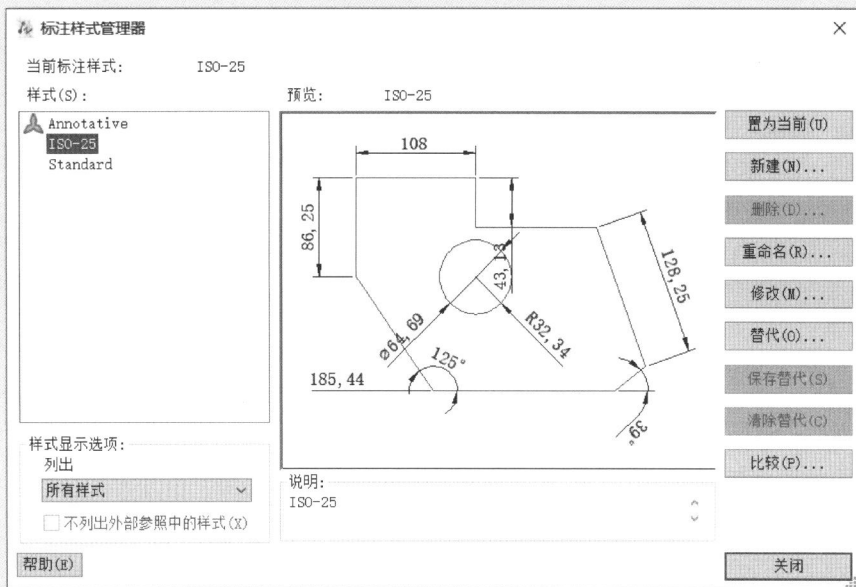

图6-1 "标注样式管理器"对话框

2. 命令选项

点击"标注样式管理器"右侧的"新建"按钮，弹出图6-2所示对话框。

在"新建标注样式"对话框中，输入"新样式名"为"标注样式""基本样式"选

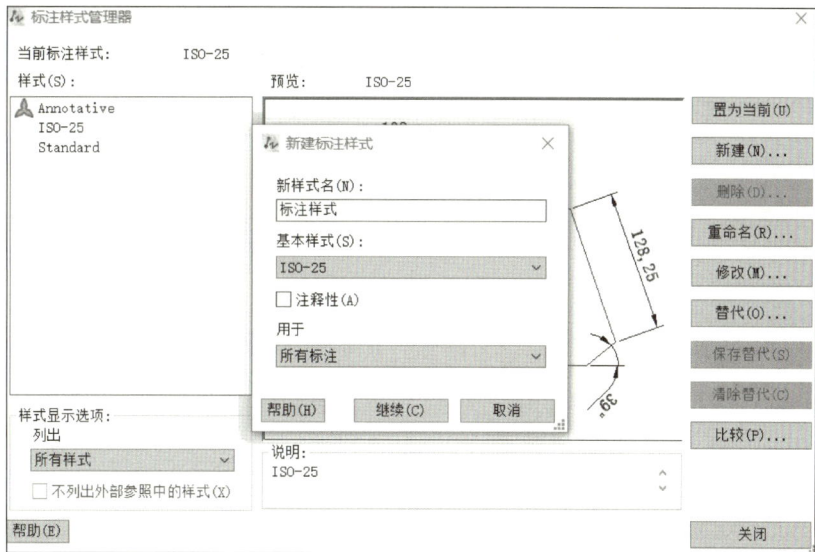

图 6-2　新建标注样式

"ISO-25"，点击"继续"，弹出图 6-3 标注样式对话框，在该对话框修改"标注样式"的设置。

（1）标注线

1）基线间距

基线间距指内外两道尺寸标注之间的距离，基线间距宜为 7 ~ 10mm，在此设置为 7mm。

2）原点

原点指图样轮廓线和尺寸界限间的距离，亦称起点偏移量，在制图标准中为大于或等于 2mm，此处取值 3mm。

3）尺寸线

尺寸线指尺寸界限末端超出尺寸线的距离，在制图标准中为 2 ~ 3mm，此处取值 3mm。

4）尺寸界线

勾选固定长度的尺寸界限，在制图规范中，第一条尺寸线距离图样轮廓线不小于 10mm，将长度调整为 7mm。

（2）符号和箭头

起始箭头选择"建筑标记"，一般终止箭头随起始箭头一同更改，在制图标准中，起止符号的箭头大小为 2 ~ 3mm，此处取值 2mm，如图 6-4 所示。注意，软件中的箭头大小指的是箭头高度，并不是其实际大小。

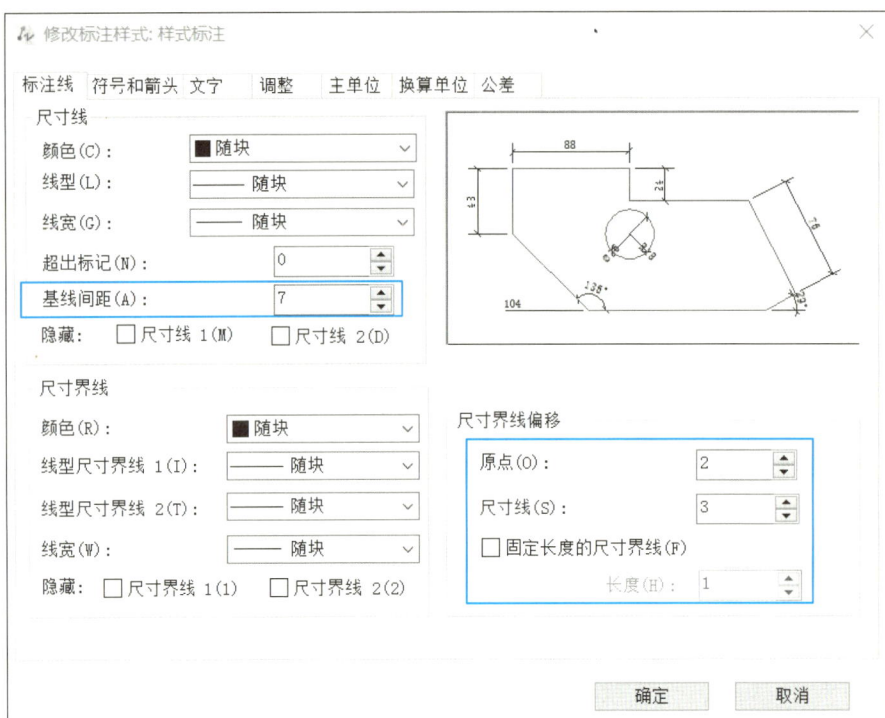

图 6-3　标注线设置

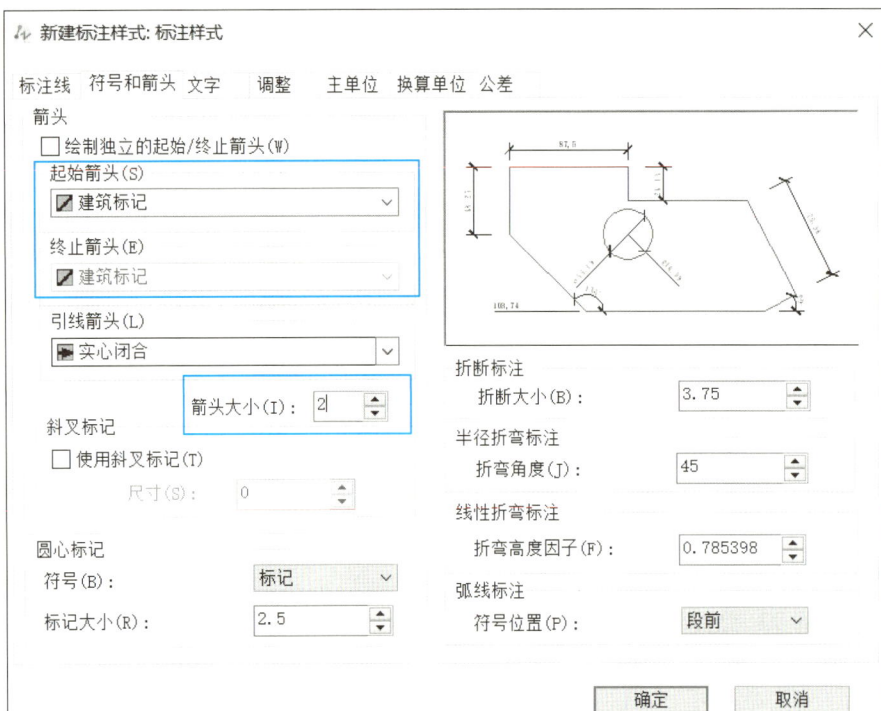

图 6-4　符号和箭头

（3）文字选项

点击"文字样式"后的"…"按钮，弹出文字样式管理器对话框，如图 6-5 所示。

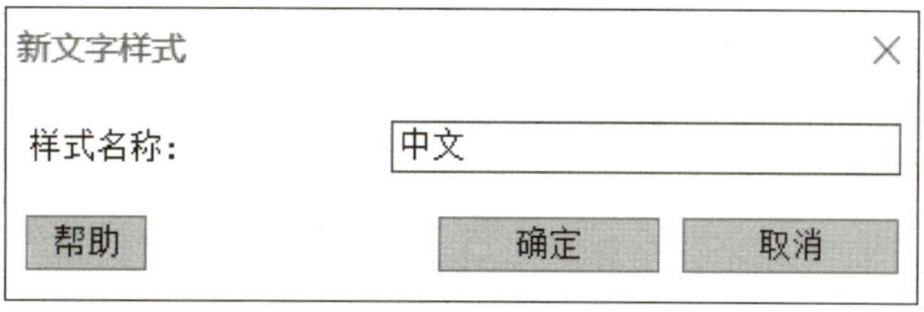

图 6-5 新建文字样式

再次点击文字样式管理器中的"新建"按钮，弹出新文字样式对话框，如图 6-6 所示，新文字样式名称为中文（也可同学们自己命名），点击确定；文本字体名称为"仿宋"，宽度因子改为 0.7，点击确定。

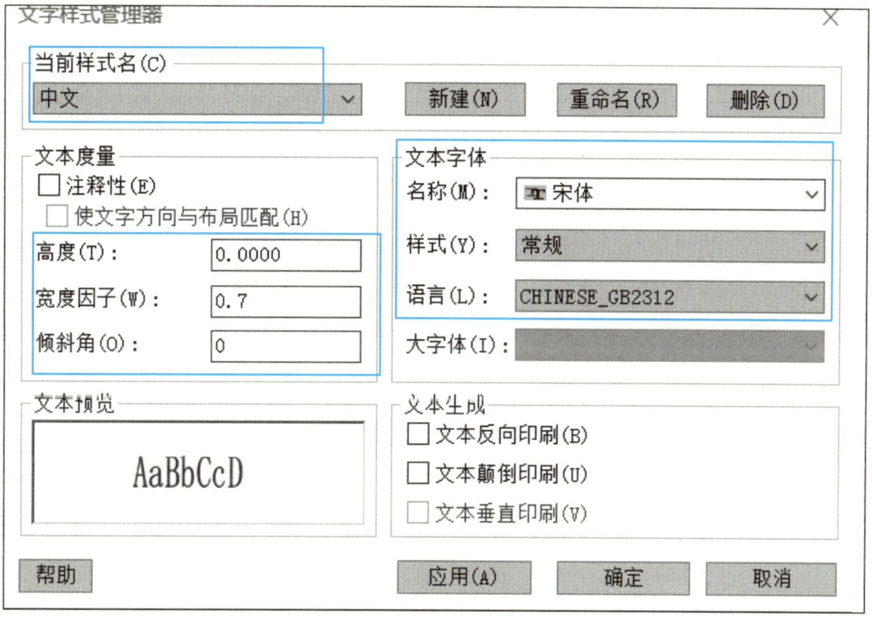

图 6-6 文字样式管理器

绘图过程中还需设置一个非中文的文字样式，样式名称为西体，"文本字体名称"为 SIMPLEX.SHX，"大字体"为 HZTXT.SHX，宽度因子 0.7，点击确定，如图 6-7 所示。

（4）调整

在"调整"选项板中选择"文字始终保持在尺寸界限之间（F）"，勾选"注释性"，并点选"尺寸线上方，不加引线（P）"，如图 6-8 所示。

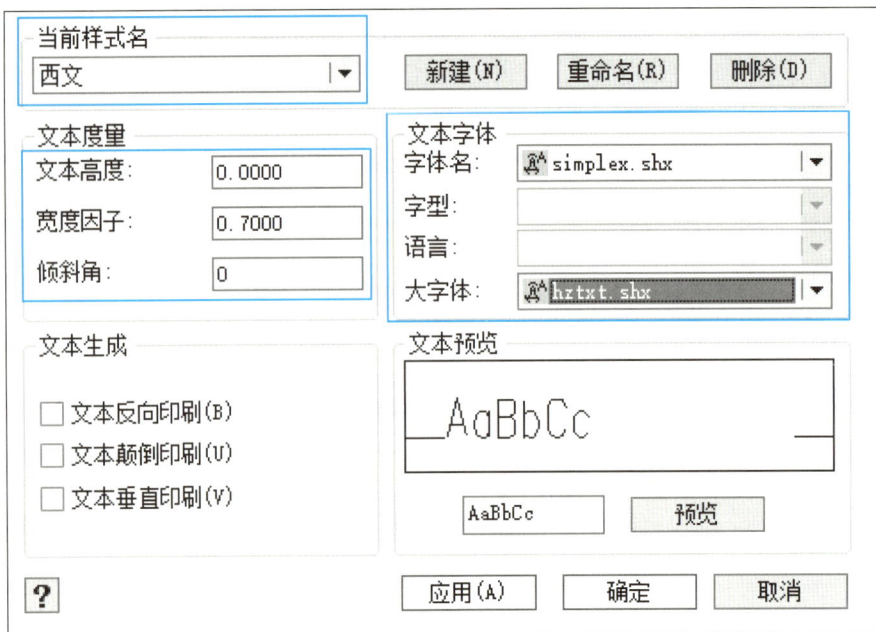

图 6-7　西文样式

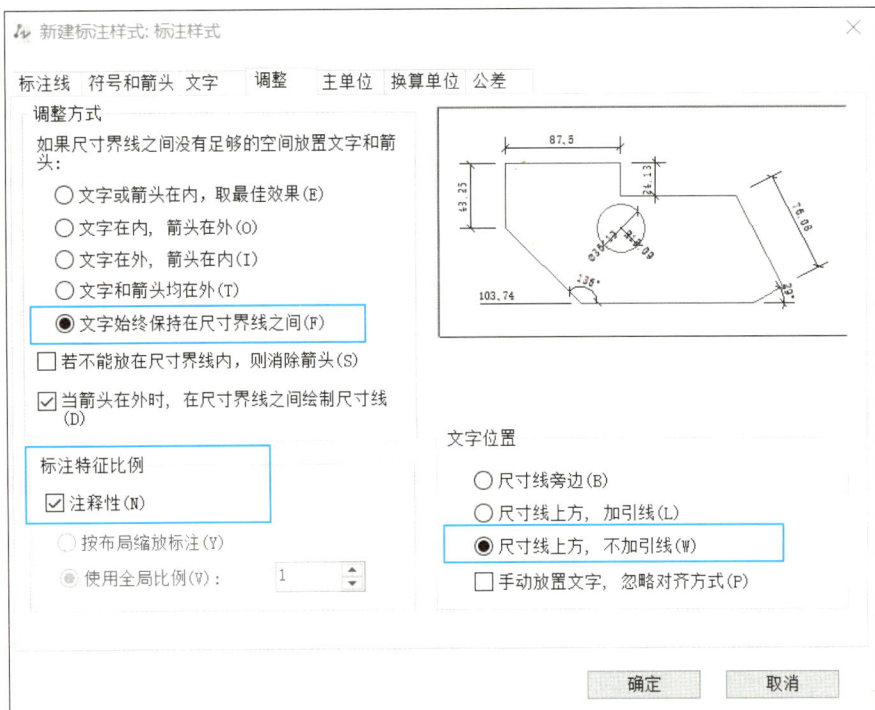

图 6-8　"调整"选项板

（5）主单位

因建筑图纸绘制过程中，只需将尺寸精确至毫米，故调整精度为"0"，如图6-9所示。

图 6-9　调整主单位精度

因在建筑绘图纸绘制过程中，不用"换算单位"和"公差"模块，故无须设置。然后单击"确定"按钮，再点击"置为当前"按钮，如图 6-10 所示，最后点击"关闭"按钮即可。

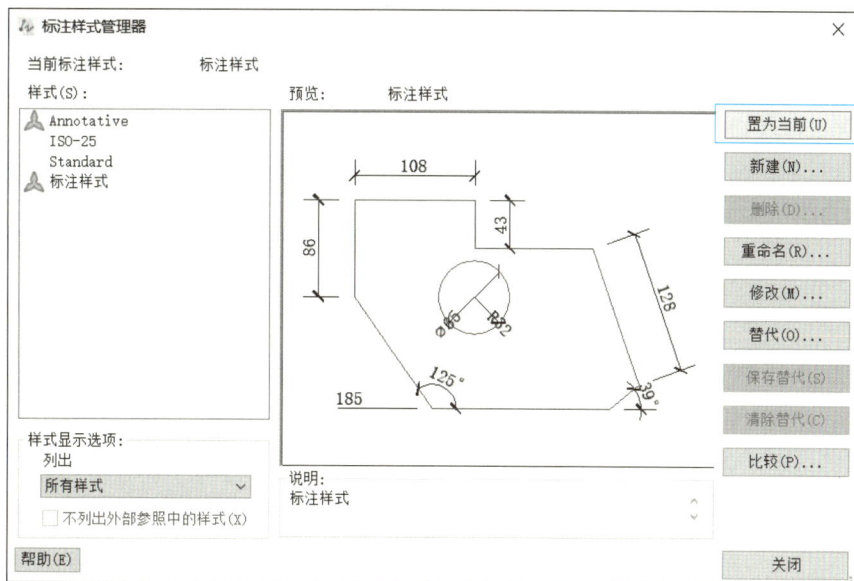

图 6-10　将新建的标注样式置为当前

6.2 尺寸标注

1. 线性标注

调用"线性标注"有两种方法：第一种是点击"标注"菜单，再点击"线性"选项；第二种是输入快捷键"DLI"。执行"线性"命令后，弹出"选择注释比例"对话框，如图6-11所示，可以根据图样的大小选择合适的比例。

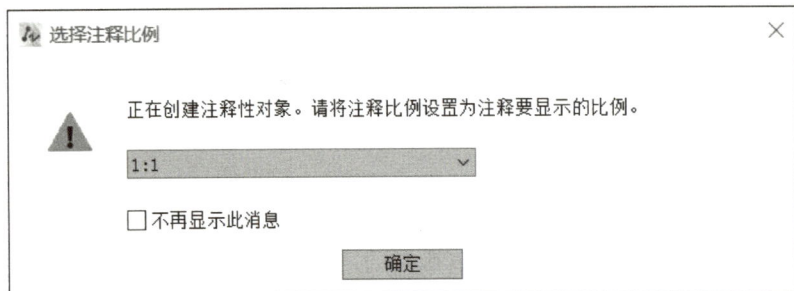

图 6-11　选择注释比例

然后根据命令提示，鼠标左键点击图样第一点，再点击第二点，最后拖动鼠标确定尺寸线位置即可完成标注，如图6-12所示。

图 6-12　线性标注

2. 连续标注

当已用线性标注标注图样后，仍需连续标注，可采用此命令。调用"连续标注"有两种方法：第一种是点击"标注"菜单，再点击"连续"选项；第二种是输入快捷键"DCO"。执行该命令后，首先用鼠标左键点击上一个标注，再点选下一个标注位置，即可完成一次连续标注，以此类推，如图6-13所示，命令结束后，按Esc键退出命令。

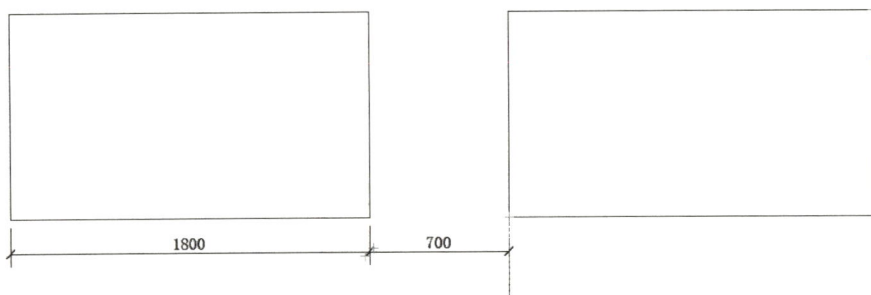

图 6-13　连续标注

3. 基线标注

"基线标注"工具用于标注图样的第二道尺寸线。调用"基线标注"有两种方法：第一种是点击"标注"菜单，再点击"基线"选项；第二种是输入快捷键"DBA"。此命令会根据之前在标注样式里设置的基线间距，自动生成第二道尺寸线。执行该命令后，根据命令提示输入"S"，即选取（S），再按空格键确定，然后鼠标左键点选适当的起始标注位置，则第二道尺寸线即可开始标注，继续用鼠标左键点选结束位置即可完成第二道尺寸线的标注，如图6-14所示。若需标注第三道尺寸线，可继续执行此命令。

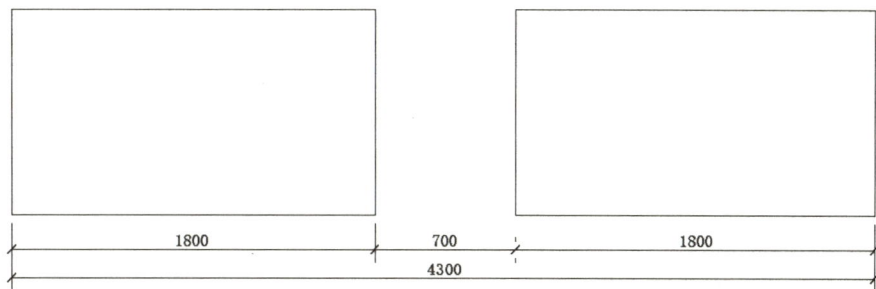

图6-14　基线标注

4. 对齐标注

调用"对齐标注"有两种方法：第一种是点击"标注"菜单，再点击"对齐"选项；第二种是输入快捷键"DAL"。执行"对齐"命令后，根据命令的提示，鼠标左键点击被标注图形的起始点，再点击第二点，则可完成一次对齐标注，如图6-15所示。

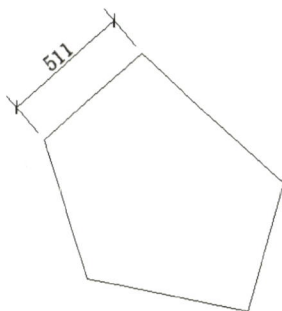

图6-15　对齐标注

5. 快速标注

调用"快速标注"有两种方法：第一种是点击"标注"菜单，再点击"快速标注"选项；第二种是输入快捷键"QDIM"。执行该命令后，按住鼠标左键，框选图元，选中图元后，点击鼠标右键（或者按空格键），拖动鼠标选择适当的位置放置尺寸线，即可完成快速标注。

"快速标注"优点是可选中多个图元，一次性完成标注，提高绘图效率。

6. 弧长标注

调用"弧长标注"有两种方法：第一种是点击"标注"菜单，再点击"弧长"选项；第二种是输入快捷键"DAR"。执行"弧长"命令后，根据命令提示选择需要标注的弧线，再拖动鼠标，确定标注线的位置，即可完成弧长的标注如图6-16所示。注意："弧长"标注只能用于圆弧的标注，而不能用于圆、直线等的标注。在"弧长"标注的过程中，也不能使用连续标注和基线标注。

7. 半径标注

调用"半径标注"有两种方法：第一种是点击"标注"菜单，再点击"半径"选项；第二种是输入快捷键"DRA"。执行命令后，根据命令提示，选择要标注的圆弧或者圆，然后按"空格键"确定，即可完成半径标注，如图6-17所示。

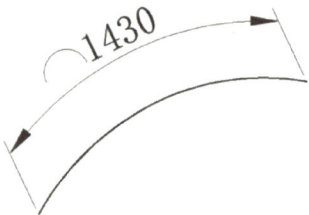

图 6-16　弧长标注

图 6-17　半径标注和直径标注

8. 直径标注

调用"直径标注"有两种方法：第一种是点击"标注"菜单，再点击"直径"选项；第二种是输入快捷键"DDI"。调用命令后，根据命令提示，选择要标注的圆或圆弧，然后按"空格键"确定，即可完成直径标注，如图6-17所示。

9. 角度标注

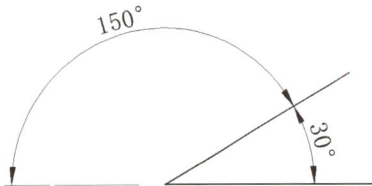

图 6-18　角度标注

调用"角度标注"有两种方法：第一种是点击"标注"菜单，再点击"角度"选项；第二种是输入快捷键"DAN"。调用命令后，根据命令提示，选择第一条线，再选择第二条线，然后拖动鼠标，确定标注线的位置，即可完成角度标注，如图6-18所示。注意：角度标注可以完成四个象限角的标注，移动鼠标选择不同的象限即可。

6.3　标注样式的子样式

由于不同的标注命令可能需要不同的数值精度和起止符号，如半径标注、直径标注和角度标注等，共用一种标注并不方便，故需要设置不同的标注样式，即设置"子样式"。

先鼠标左键点击"格式"菜单，再点击"标注样式"选项，打开"标注样式管理器"对话框（图6-19a），点击"新建"按钮，弹出"新建标注样式对话框"，对话框中的"基本样式"选择"样式标注"（注意：基本样式选择绘图过程中正在应用的标注样式，这里我们选择之前设置好的名称为"样式标注"的标注类型），"用于"菜单中有"所有标注""线性标注""角度标注""半径标注""直径标注""坐标标注"和"引线和公差标注"共七个菜单，以"角度标注"为例进行讲解。选择"角度标注"（图6-19b），点击"继续"按钮，则弹出"新建标注样式：样式标注：角度"对话框，设置好相应的模块（这里可以参照上一节讲述的方法，按照绘图需进行设置），点击"确定"按钮，返回最开始的"样式标注管理器"，此时左侧显示之前建立的"样式标注"的子样式"角度"（图6-19c），点击"关闭"按钮，则子样式设置完成。注意：输入快捷键"D"也可调用"子样式设置"命令，具体设置方法同上。

关于"半径标注""直径标注"和"坐标标注"的子样式标注设置方法，这里不再赘述，"引线和公差标注"会在下节讲解。

(a) 点击"新建"按钮

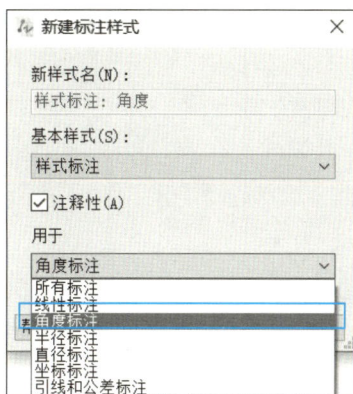

(b) 选择"角度标注"

图6-19 新建标注样式子样式（一）

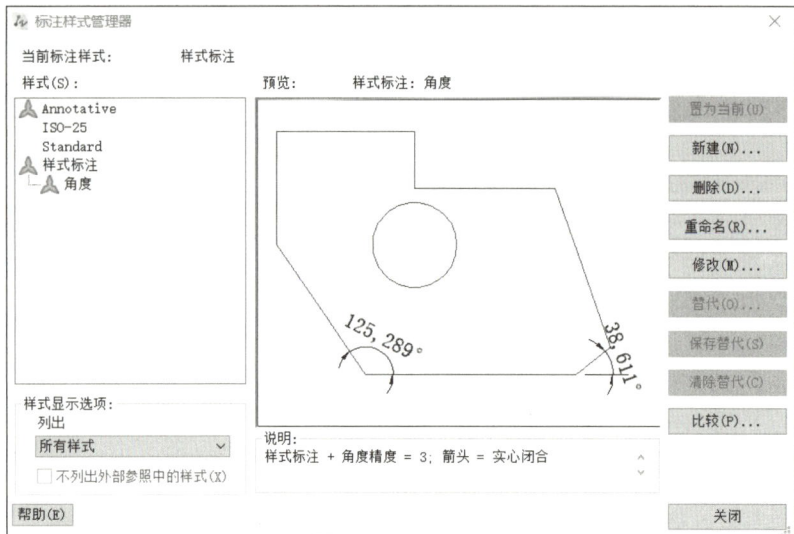

(c)"角度"子样式设置完成

图 6-19　新建标注样式子样式（二）

6.4　注释类工具

1. 解除标注关联

解除标注关联即解除"图元"和"尺寸标注"的关联性。中望 CAD2021 中默认"图元"和"尺寸标注"是关联的，解除标注关联后，尺寸标注不会随着图元的改变而改变。

输入快捷键"DDA"，调用"解除标注关联"命令，然后点选或框选需要解除关联的标注（图 6-20a），按"空格键"确定，此时改变图元大小或者移动图元位置时，标注不会随着图元而变化（图 6-20b）。

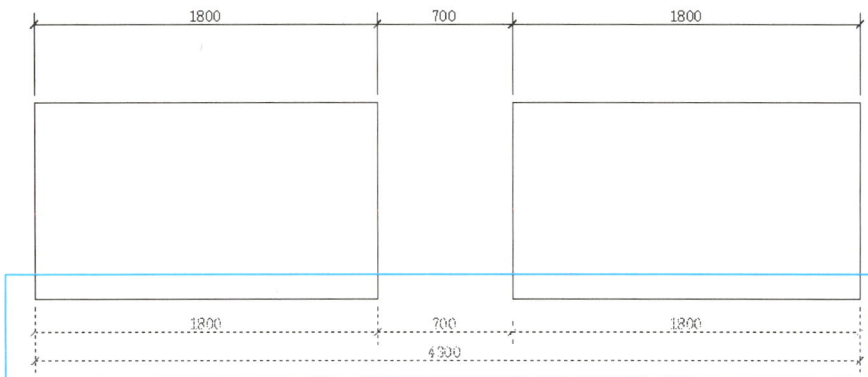

(a)选中尺寸标注

图 6-20　解除标注关联（一）

(b) 解除标注关联后

图 6-20　解除标注关联（二）

2. 引出标注

（1）引线

快捷键"LE"调用"引线"命令，或者鼠标左键点击"格式"菜单，点击"标注样式"，点击"新建"，弹出"新建标注样式"对话框，"用于"选择"引线和公差标注"，如图 6-21 所示。

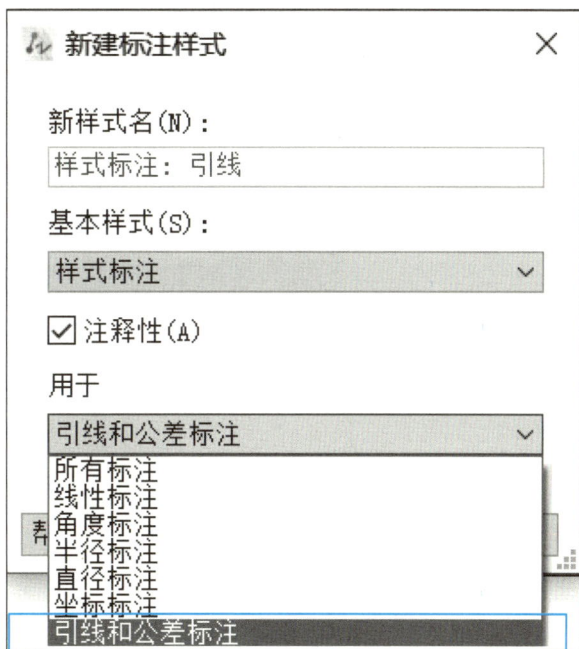

图 6-21　新建标注样式

点击"继续"按钮，点击"符号和箭头"模块，将引线箭头修改为"点"或其他样式（图 6-22），箭头大小修改为 1（亦可根据需要自行修改）；点击"文字"模块，将文字样式修改为"中文"（在之前的章节已经设置好，同学们可根据自己需要设定文字样式），文字高度修改为 5，其余不改动，然后点击"确定"按钮，则返回"标注样式管理器"，再点击"关闭"按钮。

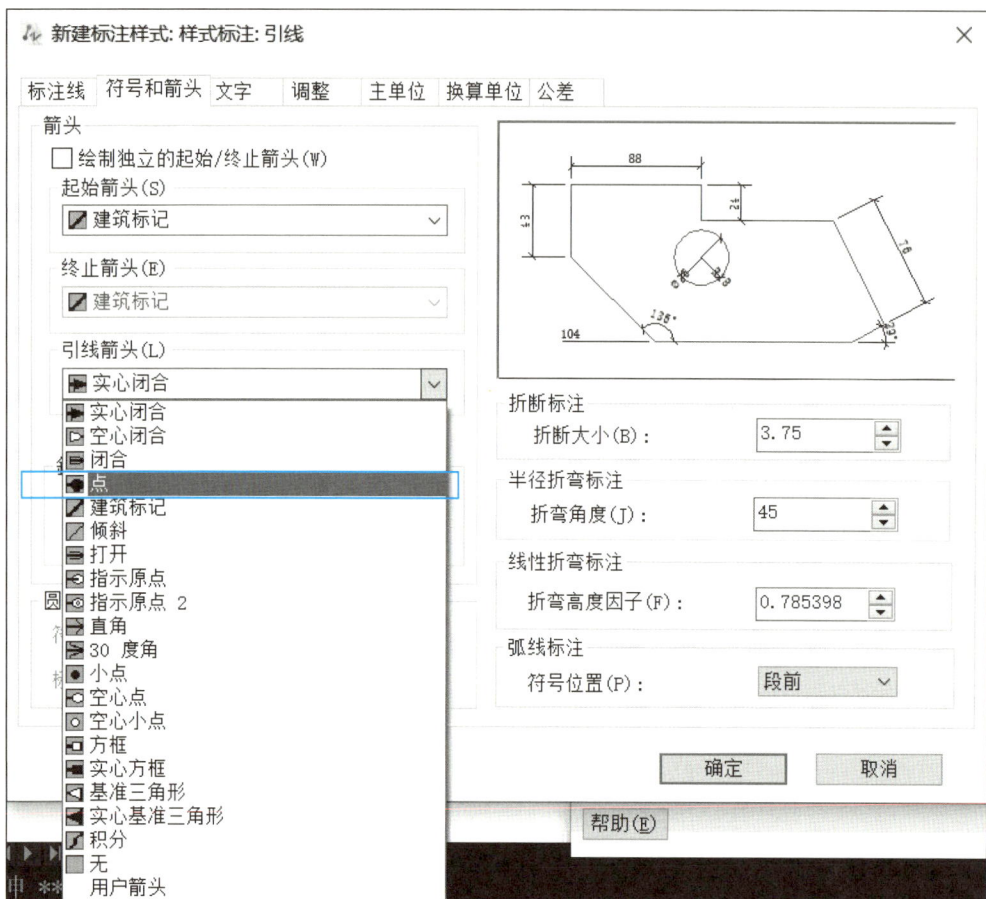

图 6-22　修改引线箭头

中望CAD　　　点击"标注"菜单，点击"引线"选项，根据命令提示，点击绘图区任意一点，拖动鼠标再点击第二点，最后点击第三点，在文本框中输入"中望 CAD"（或者输入多行文字），按"回车键"确定，即可完成引线标注，如图 6-23 所示。

图 6-23　引线标注

　　　　　　引线命令的"引线"也可修改为"样条曲线"，操作方法为激活引线命令（输入快捷键 LE 或者鼠标点选引线命令）后，输入快捷键"S"，弹出"引线设置"对话框（图 6-24a），鼠标左键点击"引线和箭头"模块，勾选"样条曲线"，"箭头"选择"点"（也可自行选择）（图 6-24b），点击"确定"按钮。

　　　　　　　　　　　　　　　　　　　　建筑 CAD

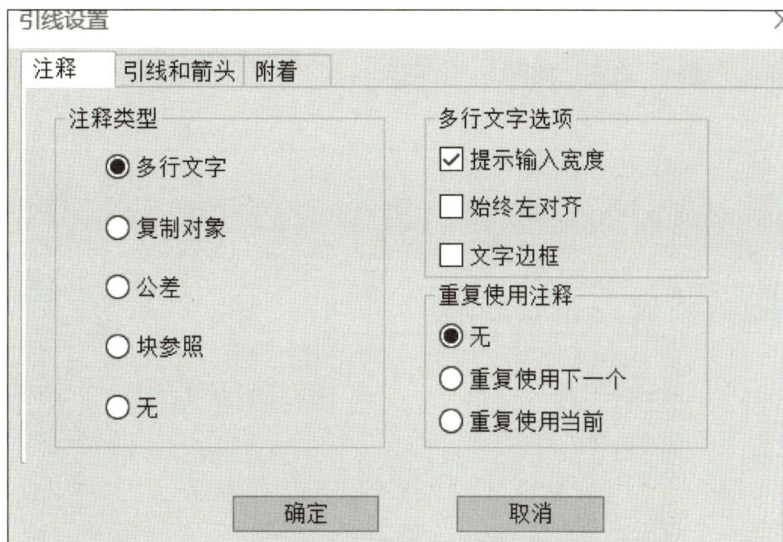

(a) "引线设置"对话框

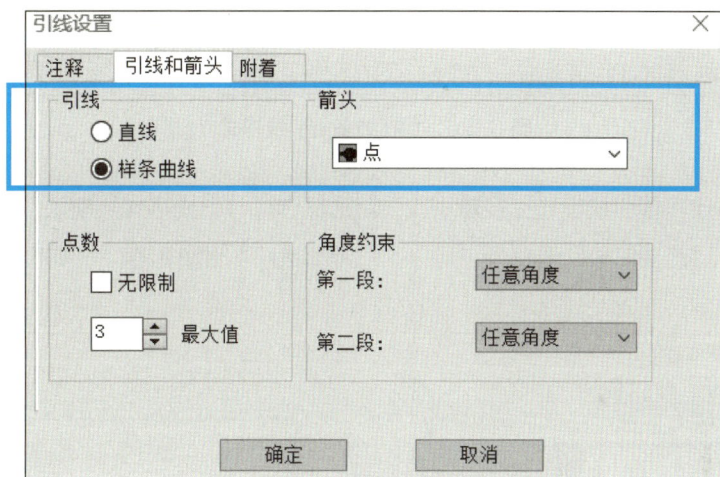

(b) 设置"引线和箭头"

图 6-24　引线设置

在绘图区鼠标左键点击第一点，然后点击第二点（此时引线变成曲线），最后根据命令提示，输入文字"中望 CAD"，即可完成"样条曲线标注"，如图 6-25 所示。

（2）多重引线

鼠标左键点击"格式"菜单，再点击"多重引线样式"，在弹出的"多重引线样式管理器"对话框中，点击"新建"按钮，新样

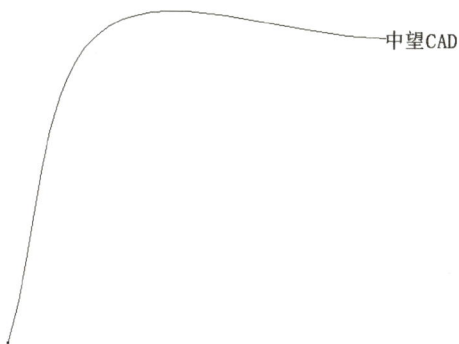

图 6-25　样条曲线标注

式名为"多重引线"（读者可自定义），基础样式选"Standard"，勾选"注释行"复选框，点击"继续"按钮，如图 6-26 所示。

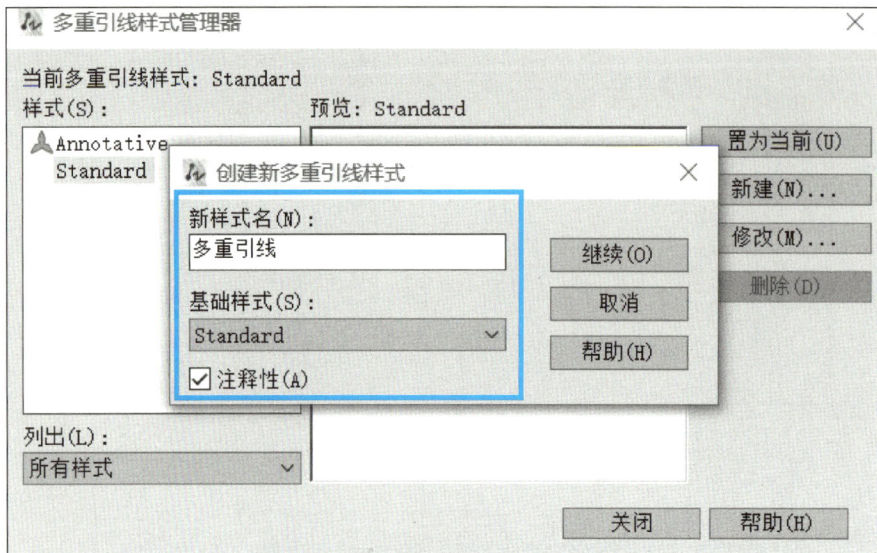

图 6-26　创建新多重引线样式

弹出"修改多重引线样式：多重引线"对话框选择"引线格式"模块，修改"类型"为"直线"，"箭头符号"调整为"点"，"箭头大小"此处取值 1，如图 6-27 所示。

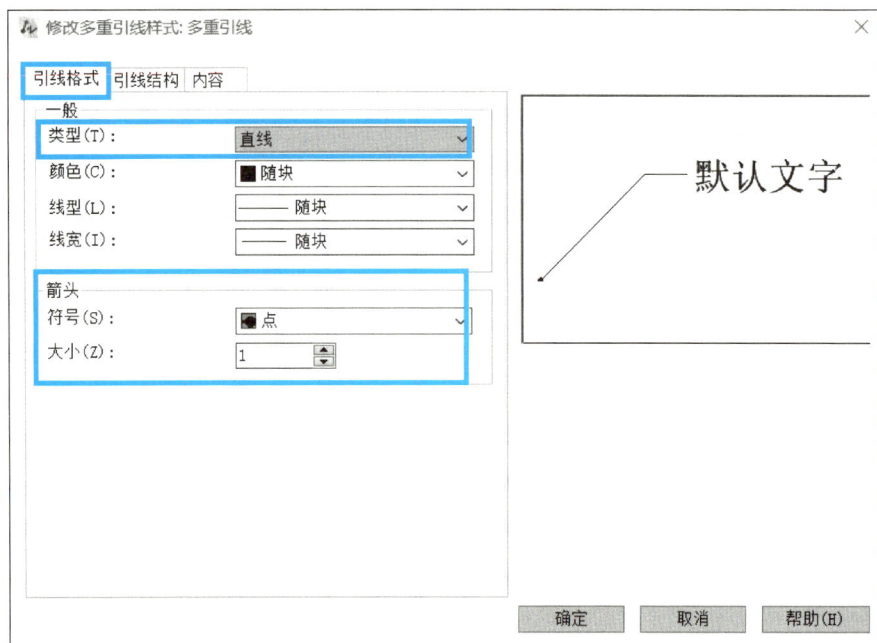

图 6-27　修改"引线样式"

建筑 CAD

然后切换到"内容"模块，"文字样式"修改为"中文"，文字高度修改为5，其余内容不做调整，然后点击"确定"按钮，最后点击"关闭"按钮。注意：文字大小和箭头大小，可根据需要取值，如图6-28所示。

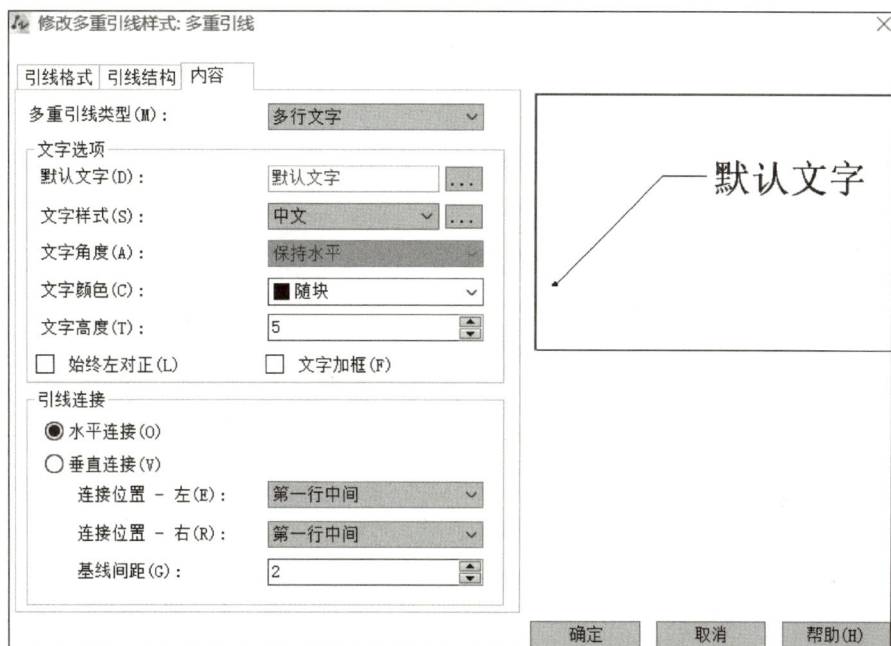

图6-28　修改"内容"

输入多重引线的快捷键"MLD"，根据命令提示在绘图区上，用鼠标左键点击第一点，然后拖动鼠标点击第二点，需要引注的内容，最后用鼠标左键选择"引线基线的位置"，如图6-29所示。

图6-29　多重引线标注

高级绘图功能

上智云图

教学资源素材

建筑 CAD

高级绘图功能

- 图层
  - 图层特性管理器
    - 命令：LAYER(快捷键LA)
    - 新建、删除图层
    - 将指定图层设为当前图层
  - 图层的使用
    - 打开/关闭图层　图层可见/不可见
    - 冻结图层　图层不可见且无法编辑
    - 锁定图层　图层可见但无法编辑
- 图块
  - 创建内部图块
    - 命令：BLOCK(快捷键B)
    - 将选择的图形对象在当前图形文件中创建为内部图块
    - 只能在定义图块的图形文件中调用
  - 创建外部图块
    - 命令：WBLOCK(快捷键W)
    - 把定义的块或选择的图形作为一个独立的图形文件单独存为文件
    - 可在不同文件之间进行调用
  - 插入图块
    - 命令：INSERT(快捷键I)
    - 在图形中调用已定义好的图块
- 查询
  - 查询距离
    - 命令：DIST(快捷键DI)，用于查询两点之间的距离及倾角
    - 可查询X、Y方向增量及线段长度
  - 查询面积
    - 命令：AREA(快捷键AA)，用于查询测量对象及所定义区域的面积和周长
    - 多段线、圆、正多边形、矩形等单一闭合对象可以直接查询面积和周长
    - 非单一直线组成的图形用连续点解端点方式查询
    - 可以进行面积的加减

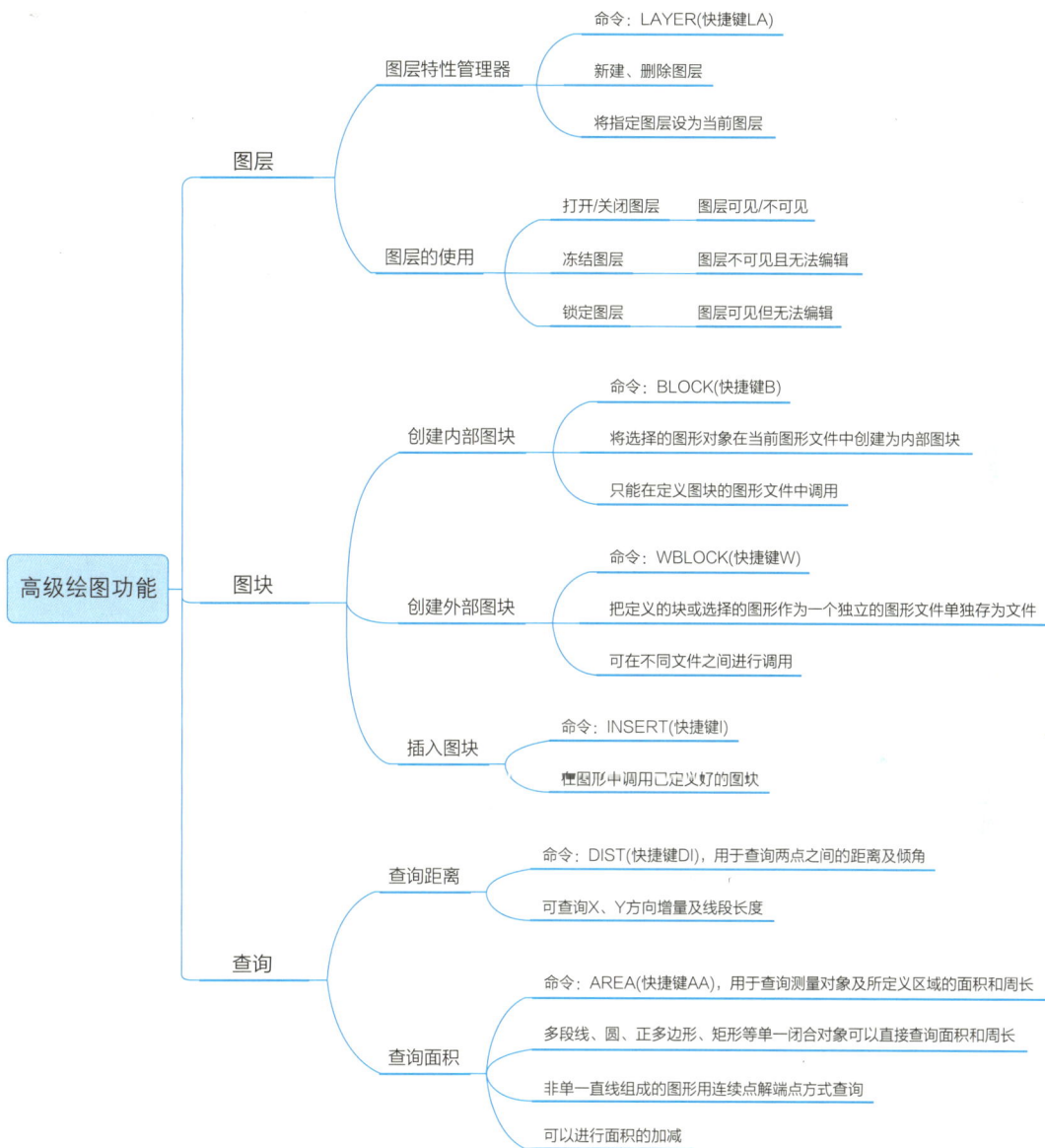

1. 知识目标：掌握图层设置及属性管理；掌握图块创建及应用；掌握图形信息的查询方法。

2. 能力目标：能应用图层特性管理器新建图层，并设置图形的线型、颜色及线宽；能将绘图中常用图例绘制成图块，并在绘图中进行插入；能在绘图中使用查询功能，进行距离及面积查询计算。

3. 思政目标：同学们在建筑行业中会遇到各种各样的问题和困难，大家在学习中不仅要学会基本技术，还应该能够利用基本原理解决问题，同时能够善于观察、勤于思考，具有较高的实践能力，在解决困难中创造新的技术，并综合性地对工程项目考虑经济效益和社会效益，弘扬在传承中创新的"鲁班精神"。

在绘图时为了更好地区分图形信息以及图线颜色、线型、线宽等，通常需要将绘制的图线进行分类管理。通过图层可以方便管理对象，图层管理是一种重要的组织工具。在绘图过程中一些常用的符号或图形，如门、窗、标高等会重复使用，通过图块功能，将常用的图形组成一个块，重复使用时将节省大量时间。

本单元主要学习图层、图块、查询等高级绘图功能。图层将图线按构件、图线等特点组织，在绘图时可按照图层，方便地将图线进行线宽、线型、颜色等统一设置，也可以通过图层的打开、关闭、锁定、冻结功能辅助作图。图块将零散的图元组合为一个整体，可快速选择和编辑，也可以将常用的门窗等构件做成图块形成图库。查询命令可以测量图元的长度、面积等参数。

7.1 图层

通过图层，可将复杂图形分解为几个简单的部分，分别对不同图层上的对象进行绘制、修改、编辑，再将它们结合在一起，这样复杂图形的绘制就变得简单、清晰、易于管理。

通过对图层属性的管理，控制图形的特性变化。图层的特性是指图层的名称、颜色、线宽、线型、可打印性、开关、冻结、锁定等属性。图层特性变化，该图层上的对象特性也随之变化。

7.1.1 图层特性管理器

1. 命令启动方法

（1）菜单："图层"/"图层特性"。

（2）命令：LAYER（快捷键 LA）。

（3）工具栏：按钮 。

2. 新建图层

打开"图层特性管理器"对话框，如图 7-1 所示。在图层特性管理器中可以创建

· ·

新图层，设置图层的线型、颜色和状态等。可以设置多个图形，但只能在当前图层上绘图。

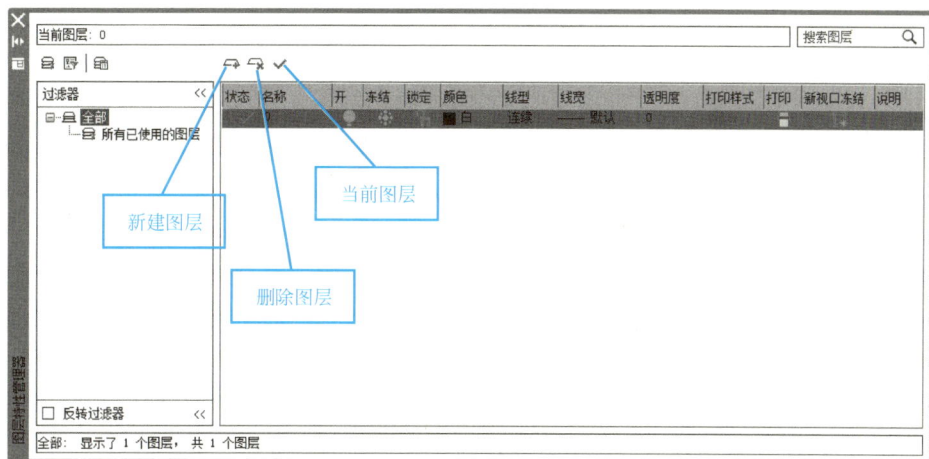

图 7-1 "图层特性管理器"对话框

7.1.2 设置图层

1. 设置线型

在"图层特性管理器"对话框的"线型"选项上单击，打开"线型管理器"对话框，在其中选择需要的线型，如果当前对话框中没有所需线型，单击"加载"按钮，如图7-2所示。

图 7-2 "线型管理器"对话框

在打开的对话中选择合适的线型后，单击"确定"按钮，如图 7-3 所示。

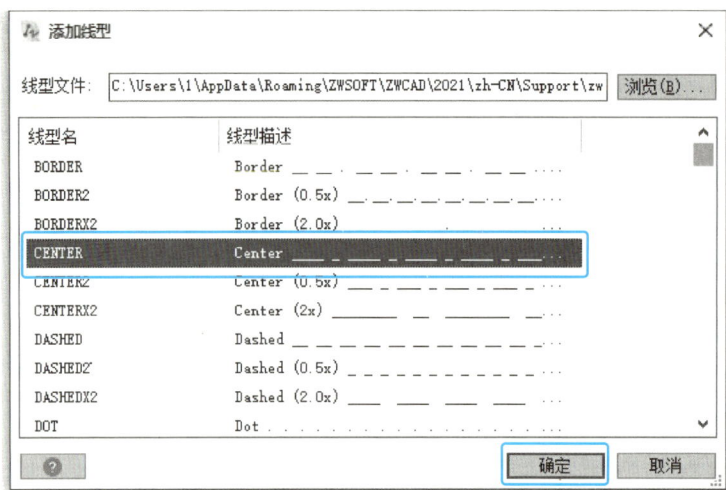

图 7-3　添加线型

2. 设置线宽

在"图层特性管理器"对话框的"线宽"选项上单击，打开"线宽"对话框，从中选择合适的线宽后，单击"确定"按钮，如图 7-4 所示。

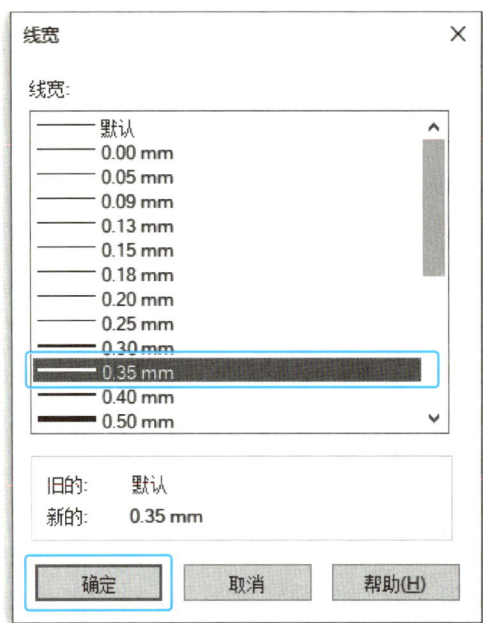

图 7-4　线宽

建筑 CAD

3. 设置颜色

在"图层特性管理器"对话框的"颜色"选项上单击，打开"选择颜色"对话框，从中选择合适的颜色后，单击"确定"按钮，如图 7-5 所示。

图 7-5　选择颜色

4. 打开、锁定和冻结图层

在绘制复杂图形时，可以将指定图形暂时隐藏，这时就要用到打开或关闭图层；冻结图层后不会遮盖其他对象，单冻结操作比打开和关闭图层操作需要更多的时间；通过锁定图层可防止指定图层上的对象被选中和修改，打印机设置可使该图层图像不被打印，如图 7-6 所示。

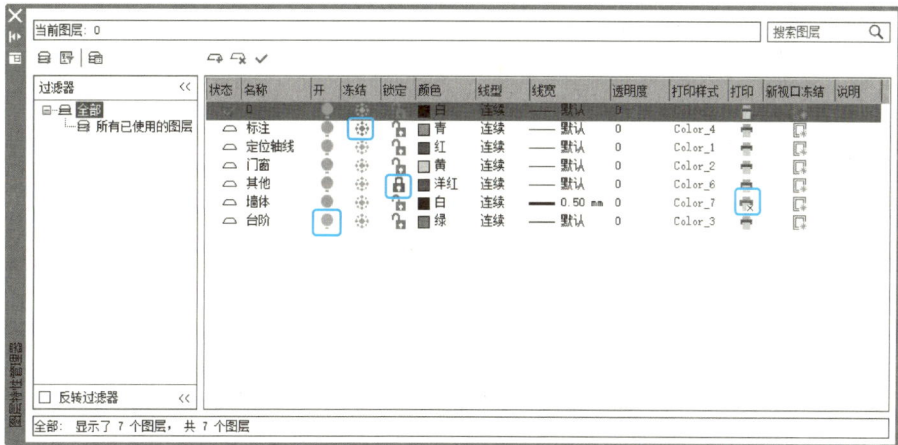

图 7-6　图层特性管理器

7.2 图块

　　图块就是将多个实体组合成一个整体，并给这个整体命名保存，在以后的图形编辑中这个整体就被视为一个实体。在绘图中经常会出现反复使用同一个图形的现象，如建筑图纸中的门、窗等。这些图形形状相同，只是尺寸不同，因而作图时常常将其定义为一个块。

　　创建图块前，应绘制所需的图形对象。块可用 BLOCK 命令建立，也可以用 WBLOCK 命令建立。两者的主要区别是：一个是"块（BLOCK）"，只能插入到建立它的图形文件中；另一个是"写块（WBLOCK）"，可插入到任何其他图形文件中。

7.2.1 创建内部图块

　　创建块命令可将选择的图形对象在当前图形文件中创建为内部块。内部块只能在定义图块的图形中调用，而不能在其他图形中调用。可通过以下几种方法创建块。

1. 命令启动方法

（1）菜单："绘图"/"块"/"创建"。

（2）命令：BLOCK（快捷键 B）。

（3）工具栏："绘图"工具栏中的"创建块"按钮 🖧 。

2. 命令选项

（1）在"名称"下拉列表框中输入块名，如"C-1"，如图 7-7 所示。

（2）在"基点"选项区单击"拾取点"按钮，选择 C-1 窗户左下角点，确定基点

图 7-7　块定义

的位置。

（3）在"对象"选项区单击"选择对象"按钮，选择 C-1 窗户所有图形，按回车键回到"块定义"对话框。

（4）在"单位"下拉列表框中选择"毫米"选项，将单位设置为"毫米"。

（5）设置完毕，单击"确定"按钮，完成块定义。

7.2.2 创建外部图块

在绘图过程中，有时需要调用其他图形中定义的块，这时要用到 WBLOCK 命令。该命令可以把定义的块作为一个独立的图形文件写入磁盘中。

1. 命令启动方法

命令：WBLOCK（快捷键 W）。

2. 命令选项

（1）在"基点"选项区单击"拾取点"按钮，选择 C-1 窗户左下角点，确定基点的位置。

（2）在"对象"选项区单击"选择对象"按钮，选择 C-1 窗户所有图形，按Enter 键回到"保存到磁盘"对话框。

（3）在"文件名和路径"中选择文件保存的磁盘位置，如图 7-8 所示。

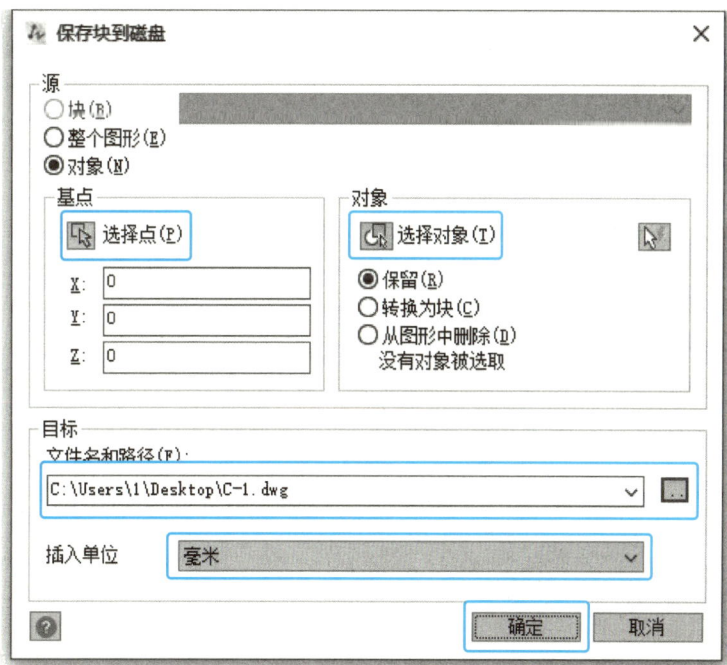

图 7-8　保存块到磁盘

（4）在"插入单位"下拉列表框中选择"毫米"选项，将单位设置为"毫米"。

（5）设置完毕，单击"确定"按钮，完成外部图块创建。

7.2.3　插入图块

创建图块后，在图形中调用已定义好的图块，以提高绘图效率。插入块可通过以下几种方法启动"插入图块"对话框。

1．命令启动方法

（1）菜单："插入"/"块"。

（2）命令：INSERT（快捷键I）。

（3）工具栏：单击"绘图"工具栏中的"插入块"按钮 🔁 。

2．命令选项

执行命令后，打开"插入图块"对话框，如图7-9所示。

（1）在"名称"下拉列表框中，选择要插入的图块名称"C-1"。其他参数可根据需要进行设置。

（2）单击"确定"按钮。

（3）在返回的绘图中，拾取插入的目标点，块已插入。

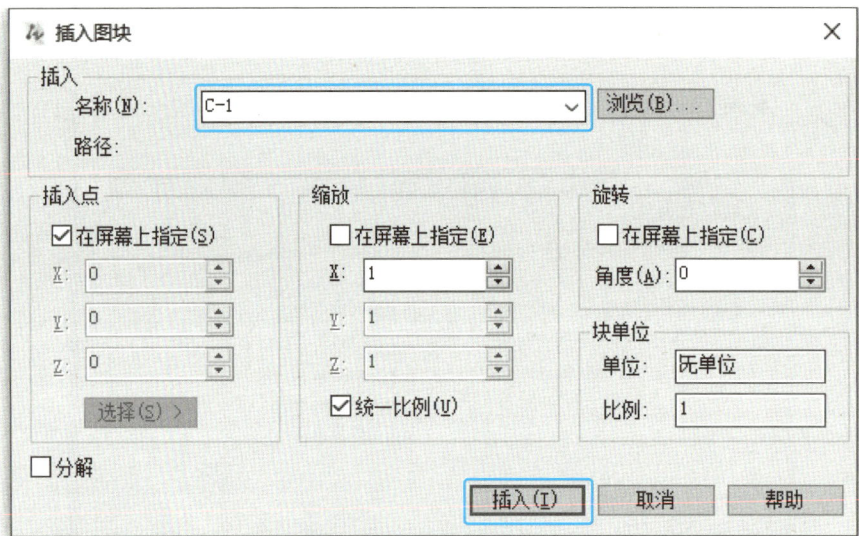

图7-9　插入图块

7.3　查询

中望 CAD 中提供了多种查询功能，利用这些查询功能给绘制图纸带来极大的方便。

建筑 CAD

选择"工具"/"查询"命令，弹出的子菜单中列出了能查询的信息的命令，如图7-10所示。

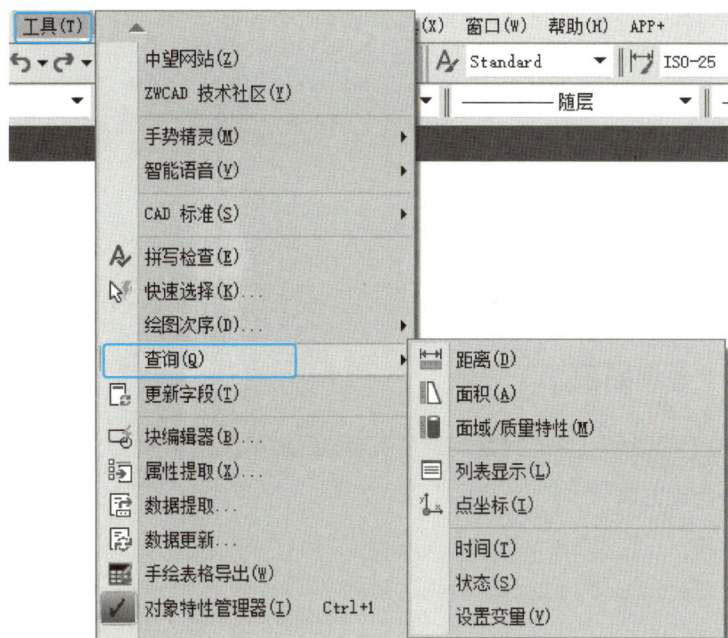

图7-10 查询命令

7.3.1 查询距离

通过距离查询命令可直接查询屏幕上两点之间的距离、在XY平面中的倾斜角、与XY平面的夹角以及X/Y/Z方向上的增量。

1. 命令启动方法

（1）菜单："工具"/"查询"/"距离"。

（2）命令：DIST（快捷键DI）。

2. 命令选项

指定第一个点：（拾取要查询的第一点）

指定第二个点或［多个点（M）］：（拾取要查询的第二点）

> 【例7-1】查询图7-11中A、B两点间的距离
>
> 命令：DIST。
>
> 指定第一个点：（拾取A点）。
>
> 指定第二个点或［多个点（M）］：（拾取B点）。
>
> 命令显示查询信息如下：

距离 =527.2998，XY 面上角 =21，与 XY 面夹角 =0

X 增量 =490.8163，Y 增量 =192.7289，Z 增量 =0.0000

图 7-11　用 DIST 命令查询

7.3.2　查询面积

通过面积查询命令可查询测量对象及所定义区域的面积和周长。

1. 命令启动方法

（1）菜单："工具"/"查询"/"面积"。

（2）命令：AREA（快捷键 AA）。

2. 命令选项

"指定第一点"：指定欲计算面积的一个角点，随后指定其他角点，按 Enter 键后结束角点输入，自动封闭指定的角点，并计算面积和周长。

（1）"对象（O）"：选择一个对象，计算其面积和周长，该对象应该是封闭的。

（2）"添加（A）"：选择两个以上的对象，将其面积相加。

（3）"减去（S）"：选择两个以上的对象，将其面积相减。

【例 7-2】 计算图 7-12 的总面积。

命令：AREA。

指定第一点或 [对象（O）/添加（A）/减去（S）] ＜对象（O）＞：（选择"添加"选项）。

指定第一点或 [对象（O）/减去（S）]：（选择"对象"选项）。

选取添加面积：（拾取长方形）。

显示信息如下：

面积 =285505.4450，周长 =2216.4910

总面积 =285505.4450

总长度 =2216.4910

选取添加面积：（拾取圆形）。

显示信息如下：

面积 =272665.9099，圆周 =1851.0594

总面积 =558171.3549

总长度 =4067.5503

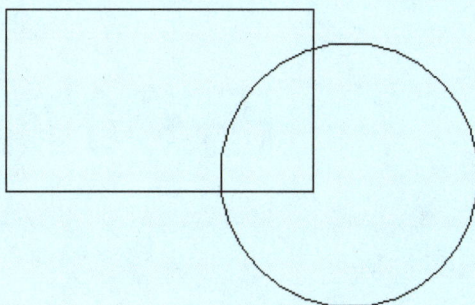

图 7-12　用 AREA 命令测量面积

单元 8
图形的输出

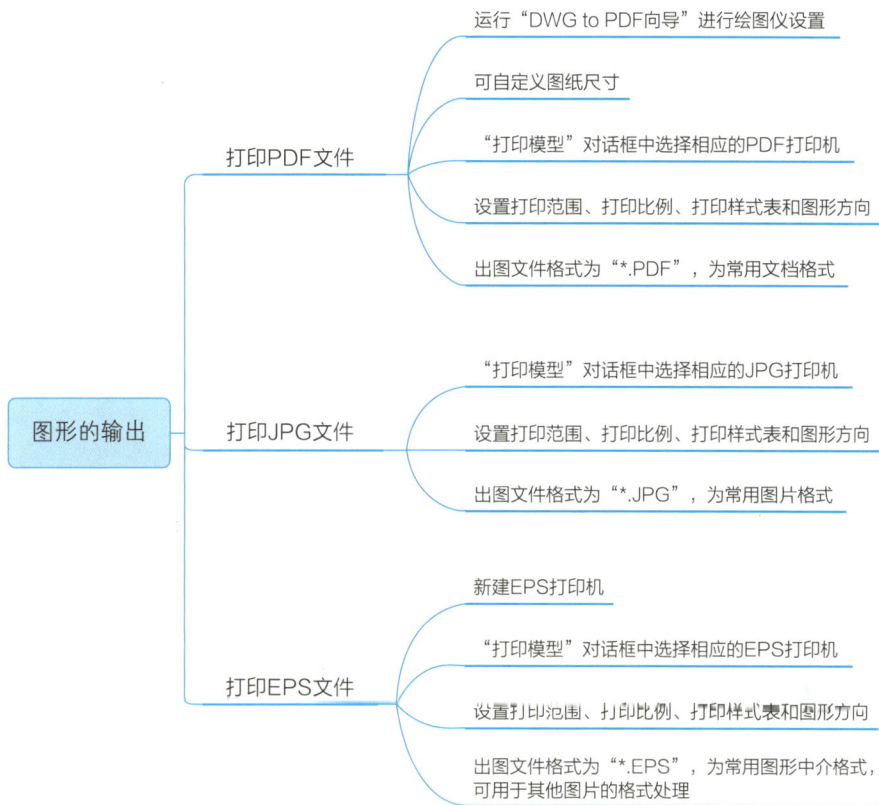

建筑 CAD

运行"DWG to PDF向导"进行绘图仪设置

可自定义图纸尺寸

打印PDF文件 —— "打印模型"对话框中选择相应的PDF打印机

设置打印范围、打印比例、打印样式表和图形方向

出图文件格式为"*.PDF",为常用文档格式

图形的输出

"打印模型"对话框中选择相应的JPG打印机

打印JPG文件 —— 设置打印范围、打印比例、打印样式表和图形方向

出图文件格式为"*.JPG",为常用图片格式

新建EPS打印机

"打印模型"对话框中选择相应的EPS打印机

打印EPS文件 —— 设置打印范围、打印比例、打印样式表和图形方向

出图文件格式为"*.EPS",为常用图形中介格式,可用于其他图片的格式处理

1. 知识目标:了解打印机/绘图仪管理及新建方式,掌握常见的打印设置方式。

2. 能力目标:能设置合适的打印机/绘图仪,能根据需要打印相应格式的文件。

3. 思政目标:由于在建筑设计表达中需要使用不同的软件,CAD 绘制的文件格式常常需转为其他各种格式应用于其他软件。在团队中,最终的文件也需要将各个成员绘制的 CAD 文件整合到一起,图纸的兼容性和准确性尤其重要。同学们在工作中应学会积极配合其他人进行团队合作,保持良好的沟通具有一定的理解能力。

本单元主要学习运用中望 CAD 对模型和图纸进行布局、设置相关的参数，能够打印出相应的格式文件。图形文件创建完毕后，对图形文件进行布图，可以打印到设计要求的图纸上，也可以生成电子版的图纸，方便在网络上进行访问和查阅。在打印之前，根据打印设置要求，如线型、线宽、颜色、淡显等来满足制图规范和设计出图要求。

8.1 打印 PDF 文件

1. 绘图仪设置

在打印之前需要选择输出的打印机或选择虚拟打印机。在导航栏里选择"绘图仪管理器"按钮，弹出"Plotters"文件夹；双击运行"DWG to PDF 向导"；弹出"绘图仪配置编辑器"，单击"设备和文档设置"按钮，依次点击"自定义图纸尺寸""添加"，如图 8-1 所示。

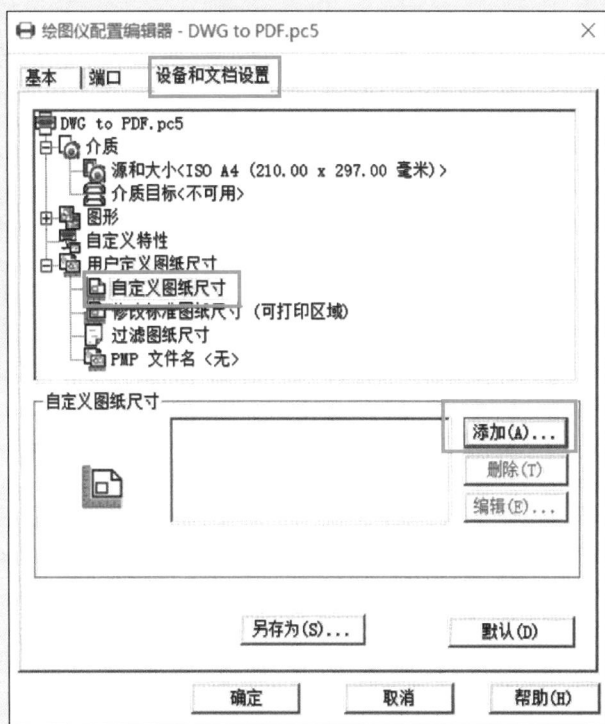

图 8-1　绘图仪配置编辑器

进入"自定义尺寸编辑器"，可选用"使用现有图纸"对图纸尺寸进行设计，如图

8-2 所示。点击下一页，分别按照设计要求设置"介质边界""可打印区域""图纸尺寸名""文件名"，最后点击"完成"按钮。

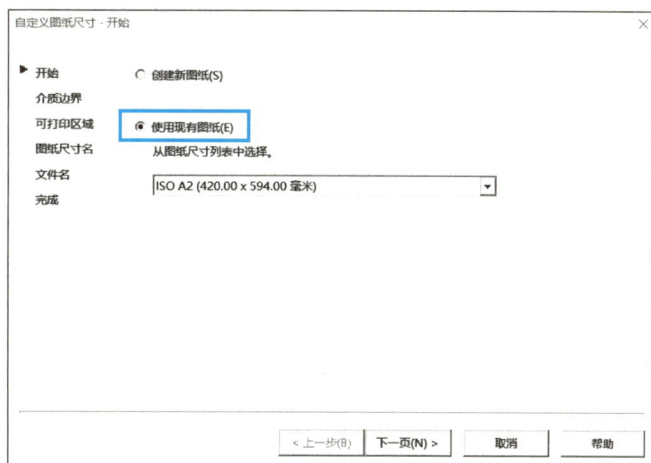

图 8-2　自定义尺寸编辑器

2. PDF 格式打印设置

设置好相关参数，即可进行图形文件的打印。在导航栏下选择"打印"按钮。对弹出的"打印模型"对话框进行设置，如要输出为 PDF 格式文件，可在"打印机"下"名称"选择"DWG to PDF.pc5"；其余信息可按设计要求进行设置，如图 8-3 所示。点击预览，打印按钮即可将 PDF 文件保存指定位置。

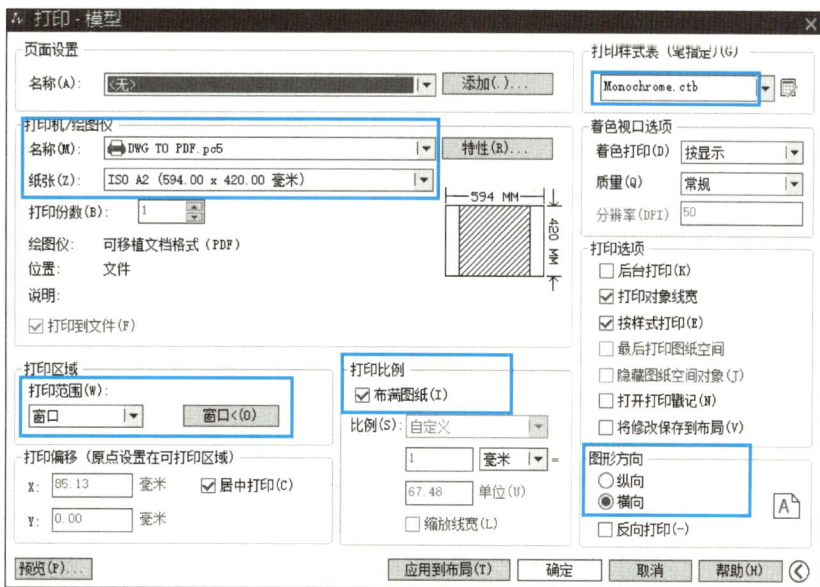

图 8-3　打印模型编辑器

8.2 打印 JPG 文件

JPG 图片是有损压缩格式，尽管图片质量有所下降，但是由于压缩后文件占用空间小，所以广泛用于网络。在建筑行业中广泛应用于建筑效果图等制作。在中望 CAD"打印－模型"对话框中选择打印机"JPEG.pc5"，用于打印 JPG 格式文件，同时可设置纸张大小、打印区域及打印样式等，如图 8-4 所示。

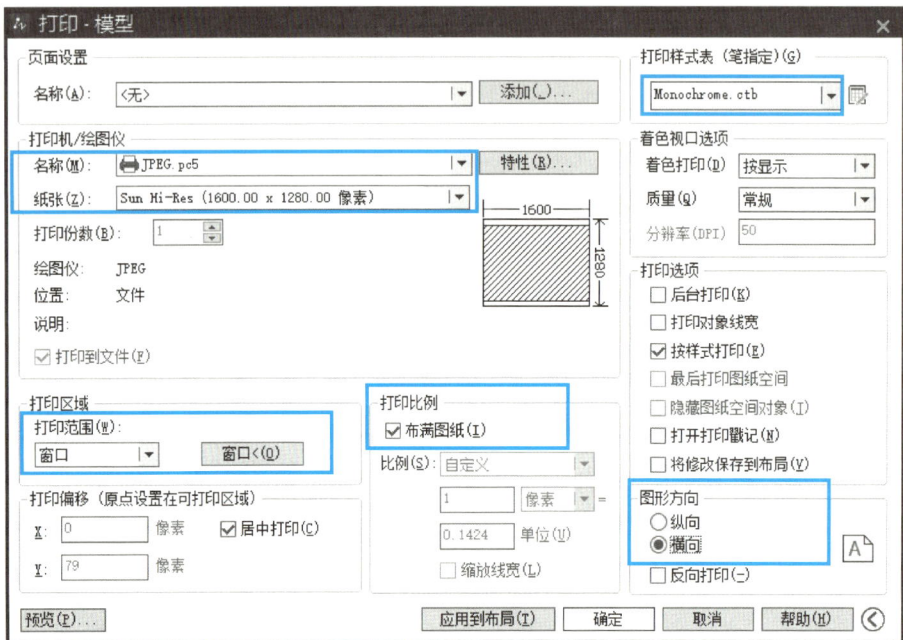

图 8-4　打印 JPG 格式设置

8.3 打印 EPS 文件

1. 绘图仪设置

EPS 图片格式广泛应用于图片处理和文档排版，有较强的通用性。

在中望 CAD"打印－模型"对话框中添加 EPS 打印机，点击"打印机／绘图仪"中的"新建绘图仪"，如图 8-5 所示。

选择生产商"Adobe"中的"Postscript Level 1"型号作为 EPS 打印机，如图 8-6 所示。

在打印端口设置中选择"打印到文件"，如图 8-7 所示。

给该打印机添加一个名称，用于打印图纸时选择该打印机，如图 8-8 所示。

2. EPS 格式打印设置

在打印图纸时选择已建好的"EPS 打印 .pc5"打印机，选择合适的打印样式表，并勾选"打印到文件"，其余按照需要设置即可，如图 8-9 所示。

图 8-5　点击新建绘图仪

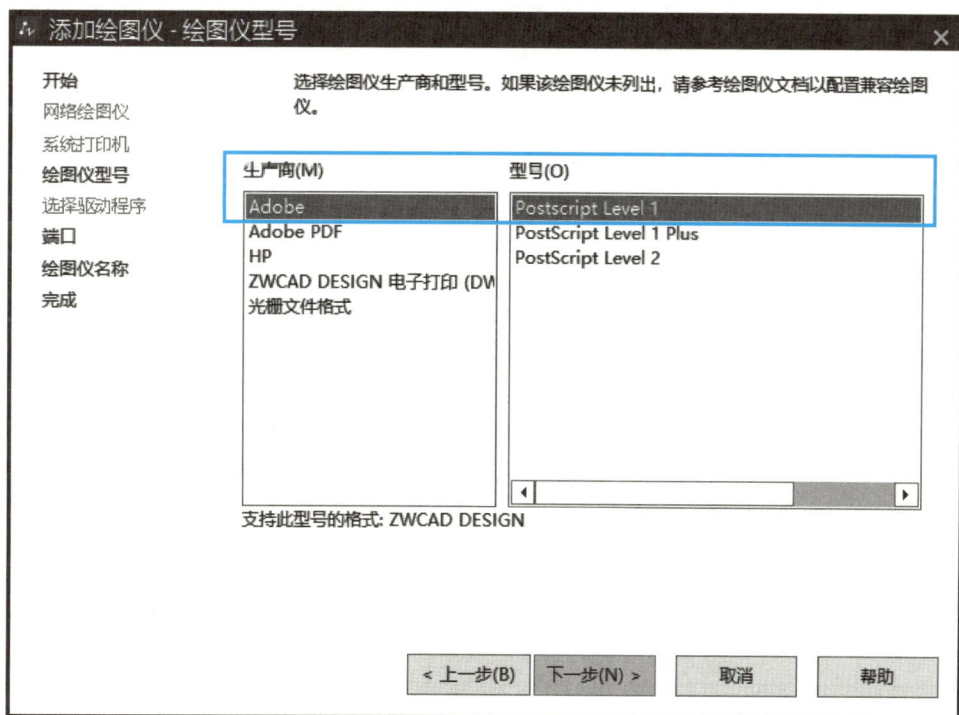

图 8-6　选择打印机型号

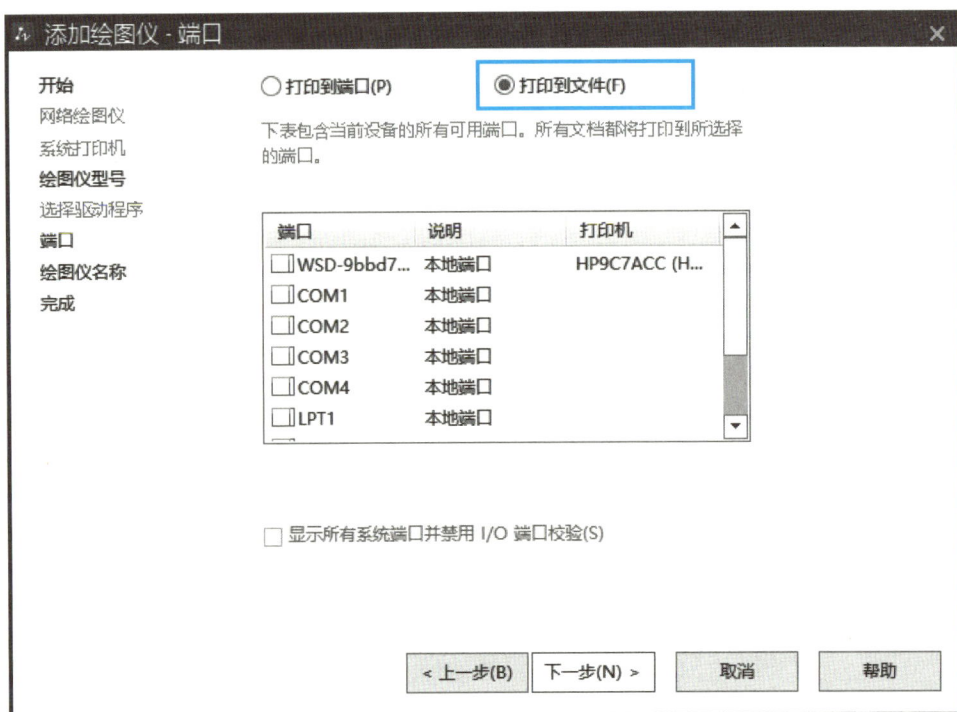

图 8-7　打印端口选择"打印到文件"

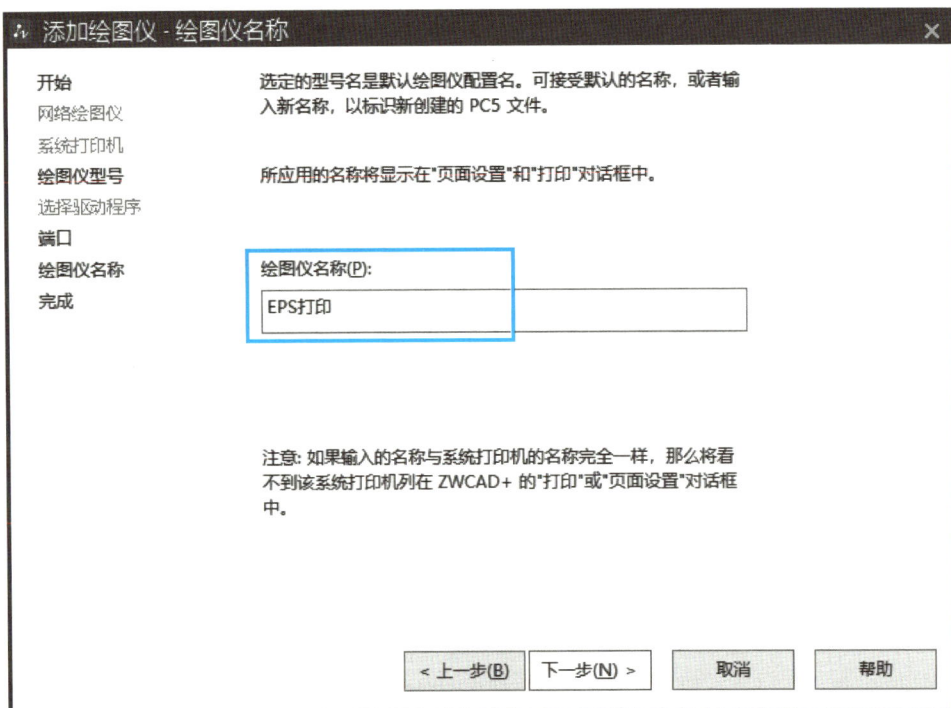

图 8-8　添加打印机名称

　　·　　·　　建筑 CAD

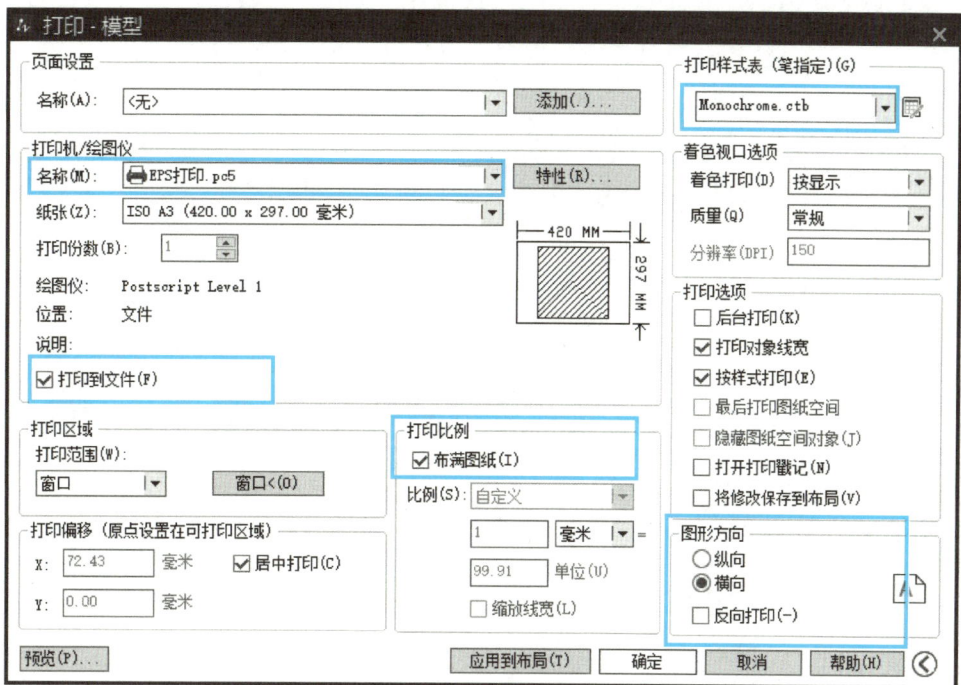

图 8-9　打印设置

单元 9
平面图绘制

上智云图

教学资源素材

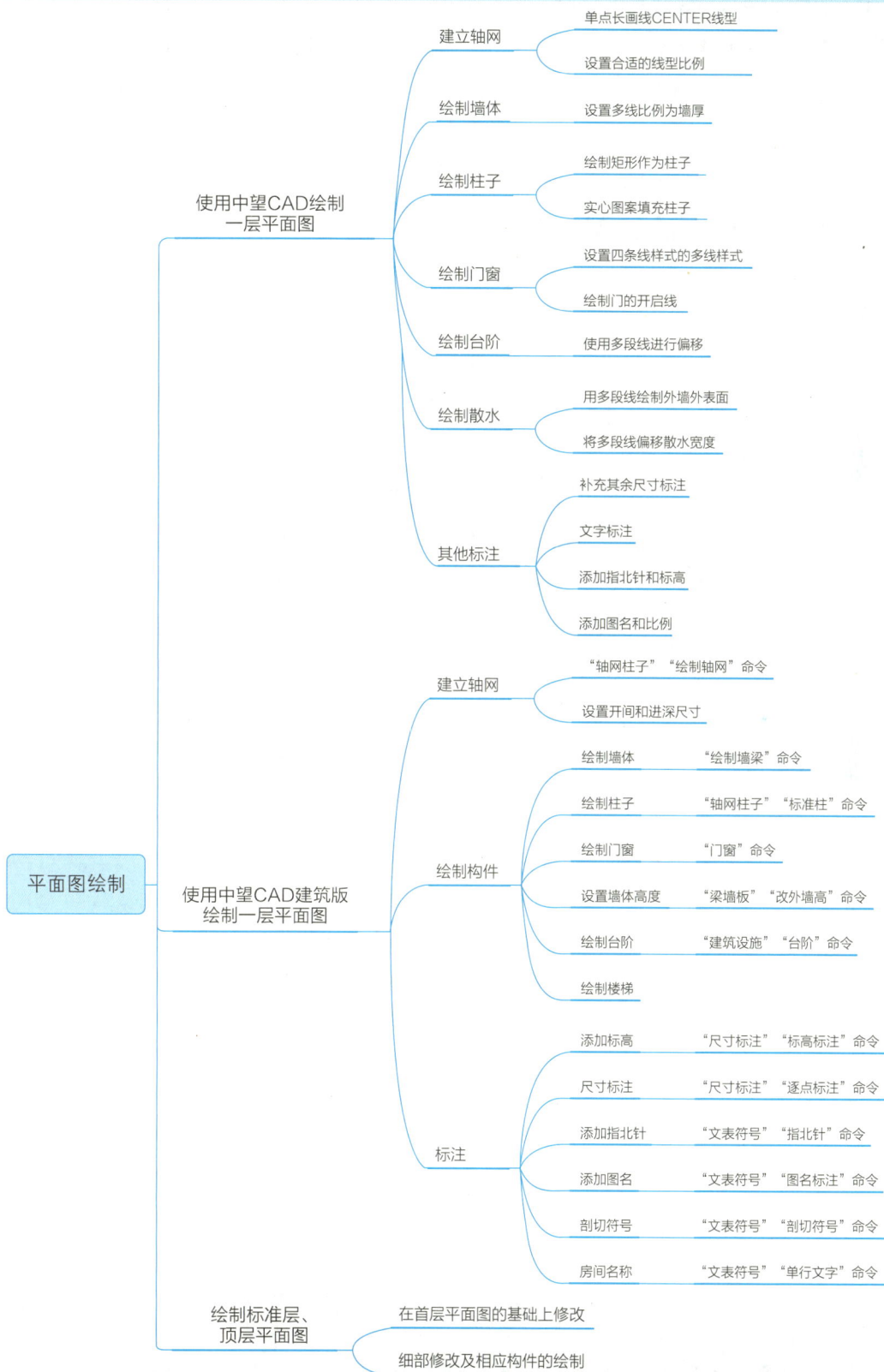

建筑 CAD

平面图绘制

- 使用中望CAD绘制一层平面图
  - 建立轴网
    - 单点长画线CENTER线型
    - 设置合适的线型比例
  - 绘制墙体
    - 设置多线比例为墙厚
  - 绘制柱子
    - 绘制矩形作为柱子
    - 实心图案填充柱子
  - 绘制门窗
    - 设置四条线样式的多线样式
    - 绘制门的开启线
  - 绘制台阶
    - 使用多段线进行偏移
  - 绘制散水
    - 用多段线绘制外墙外表面
    - 将多段线偏移散水宽度
  - 其他标注
    - 补充其余尺寸标注
    - 文字标注
    - 添加指北针和标高
    - 添加图名和比例

- 使用中望CAD建筑版绘制一层平面图
  - 建立轴网
    - "轴网柱子""绘制轴网"命令
    - 设置开间和进深尺寸
  - 绘制构件
    - 绘制墙体 — "绘制墙梁"命令
    - 绘制柱子 — "轴网柱子""标准柱"命令
    - 绘制门窗 — "门窗"命令
    - 设置墙体高度 — "梁墙板""改外墙高"命令
    - 绘制台阶 — "建筑设施""台阶"命令
    - 绘制楼梯
  - 标注
    - 添加标高 — "尺寸标注""标高标注"命令
    - 尺寸标注 — "尺寸标注""逐点标注"命令
    - 添加指北针 — "文表符号""指北针"命令
    - 添加图名 — "文表符号""图名标注"命令
    - 剖切符号 — "文表符号""剖切符号"命令
    - 房间名称 — "文表符号""单行文字"命令

- 绘制标准层、顶层平面图
  - 在首层平面图的基础上修改
  - 细部修改及相应构件的绘制

1. 知识目标：掌握平面图绘制的步骤和方法。

2. 能力目标：能根据需要设置图层，选择合适的绘制命令进行平面图中各个部分的绘制，能熟练使用编辑命令进行图形和编辑和修改。

3. 思政目标：标准是行业领域需要的统一技术要求，建筑工程图的设计、绘制、施工等方方面面都需要遵循国家、行业和地方标准。其中强制性标准必须执行，而推荐性标准被鼓励采用，同学们在学习中应重视标准的具体应用，在工作中逐步建立较强的法律意识。

9.1 使用中望 CAD 绘制一层平面图

抄绘图 9-1 中的一层平面图。

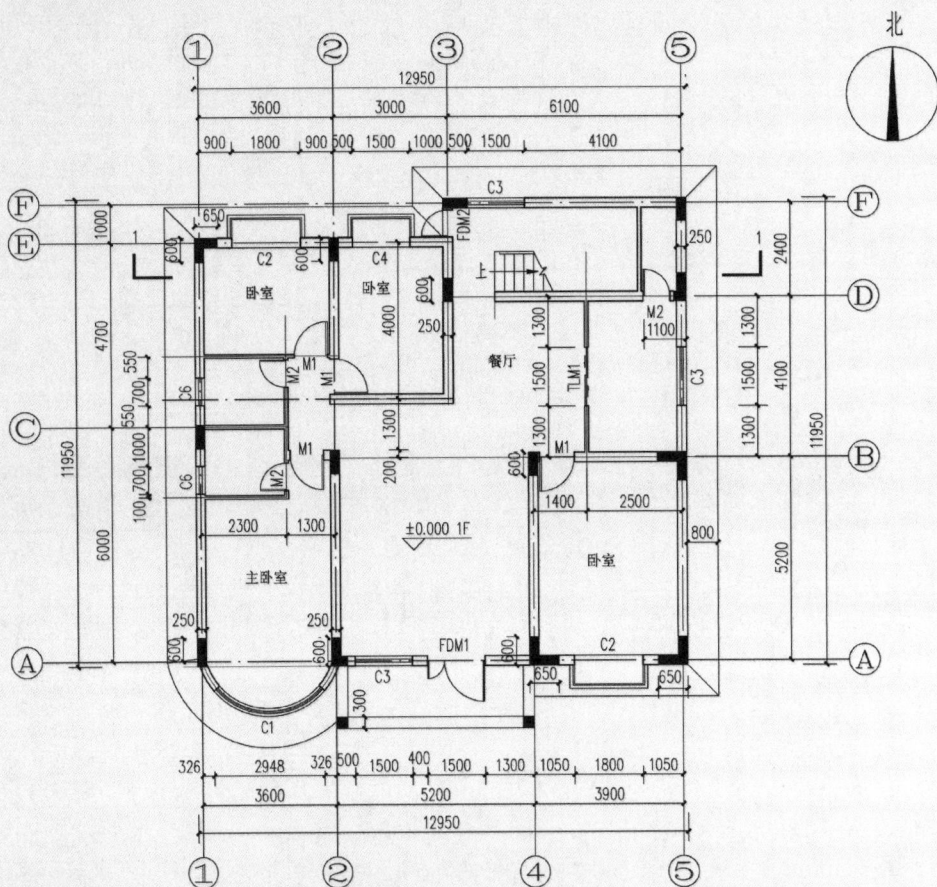

一层平面图 1:100

图 9-1 一层平面图

建筑 CAD

9.1.1 建立轴网

1. 建立图层

建立图层如图 9-2 所示。墙体和柱图层使用粗实线，线宽 1.00mm。轴线图层使用单点长画线 CENTER 线型。后续绘图将图元绘制在相应的图层上。

状态	名称	开	冻结	锁定	颜色	线型	线宽	透明度	打印样式	打印
	0				■白	连续	—— 默认	0	Color_7	
	Defpoints				■白	连续	—— 默认	0	Color_7	
	标注				■白	连续	—— 默认	0	Color_7	
	门窗				■白	连续	—— 默认	0	Color_7	
✓	墙体				■白	连续	■■ 1.00 mm	0	Color_7	
	轴线				■白	CENTER	—— 默认	0	Color_7	
	柱				■白	连续	■■ 1.00 mm	0	Color_7	

图 9-2　建立图层

2. 绘制轴网

绘制轴网如图 9-3 所示。选中所有的轴线，在"特性"中将其线型比例设为合适的数值，如图 9-4 所示。

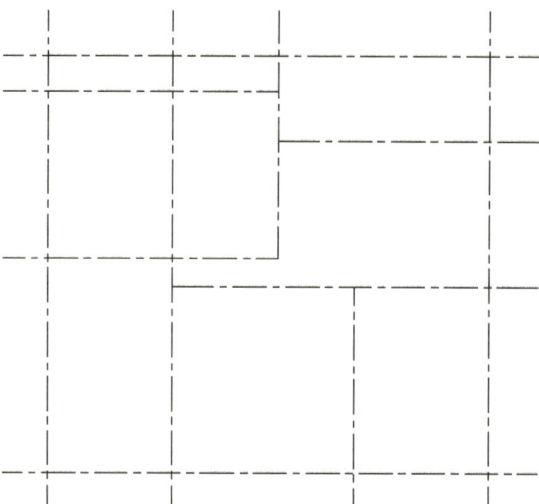

图 9-3　绘制轴网

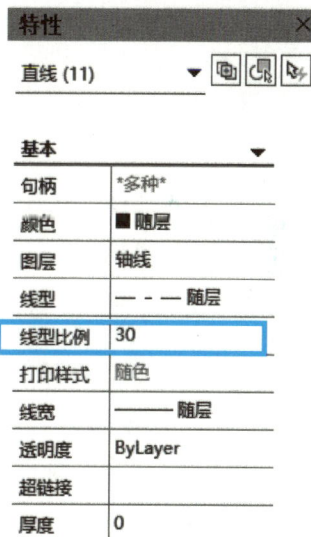

图 9-4　设置线型比例

3. 标注尺寸

在标注样式中将全局比例设为 100，标注轴网各方向尺寸，如图 9-5 所示。

4. 标注轴号

标注横向轴线和纵向轴线。轴线圆圈直径 8mm，按照 1 : 100 的比例绘制为直径为 800mm 的圆。轴线字符高 5mm，按照 1 ： 100 的比例设置绘制字高为 500mm，如图 9-6 所示。

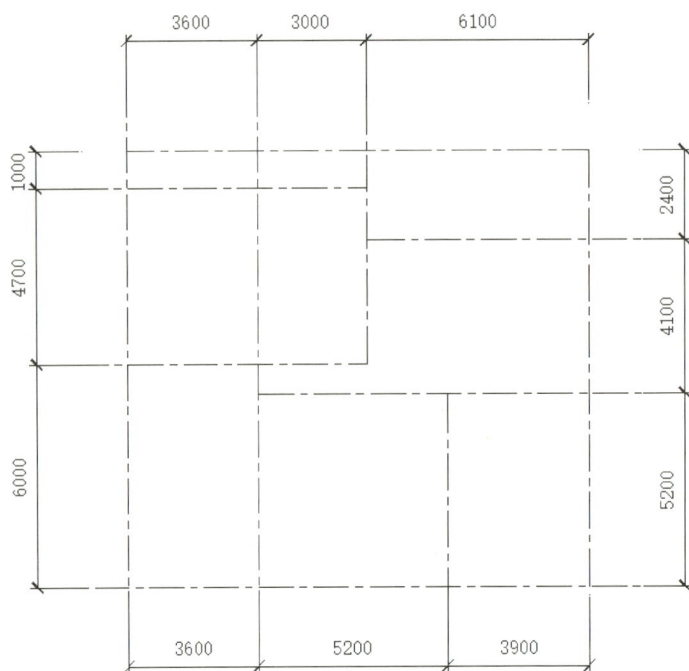

图 9-5　标注轴网尺寸

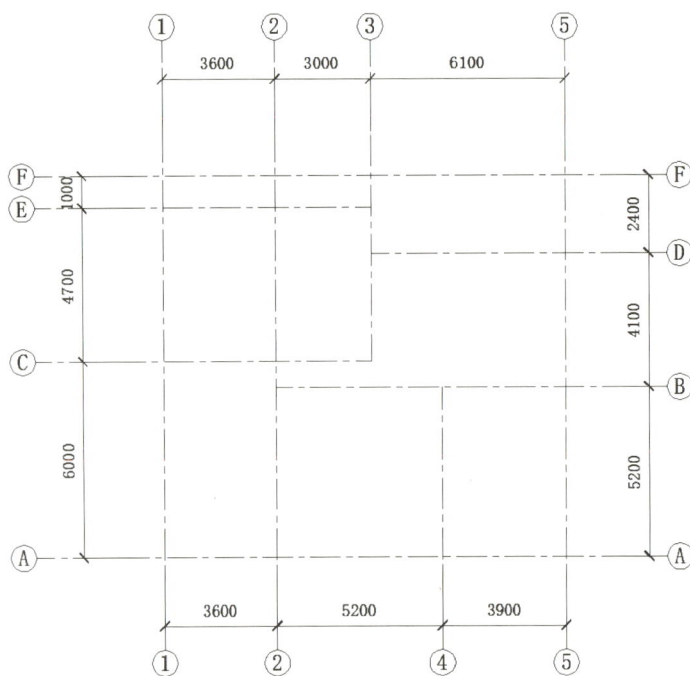

图 9-6　标注轴号

9.1.2 绘制墙体

1. 绘制250mm厚墙体

在"多线"命令中设置多线比例为250，对正方式为"无"（即居中对正）。

MLINE   //ML 命令

当前设置：对正 = 无，比例 =250.0000，样式 =STANDARD   // 设置对正和比例

绘制墙体时，点击轴线上的点即可绘制厚度为 250mm 的墙体，且光标点击的点所连成的线是墙体中心线，如图 9-7 所示。

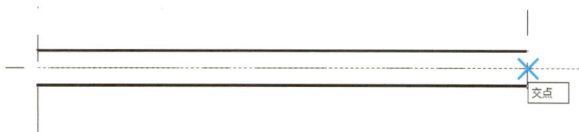

图 9-7 多线的对正方式

在平面图中绘制墙体如图 9-8 所示。

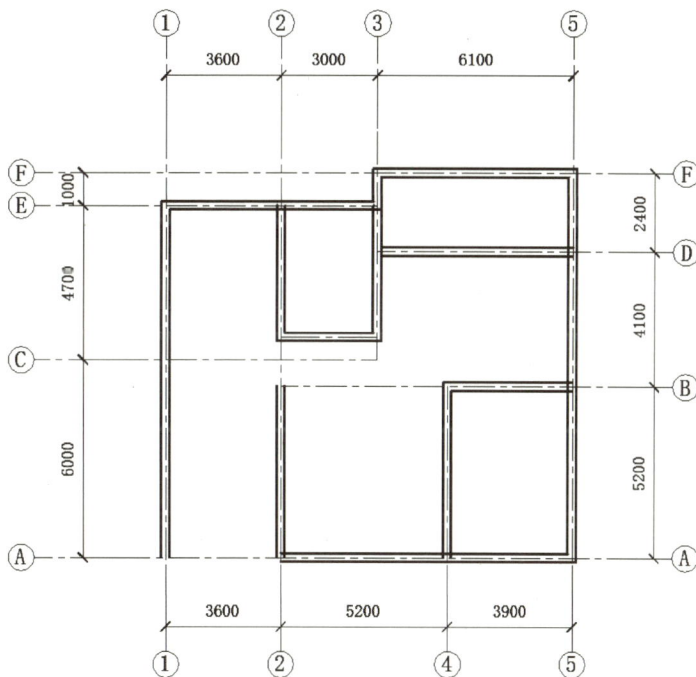

图 9-8 绘制平面图中的墙体

在墙体交接处双击多线，打开"多线编辑工具"对话框，使用多线编辑工具进行编辑，如图 9-9 所示。

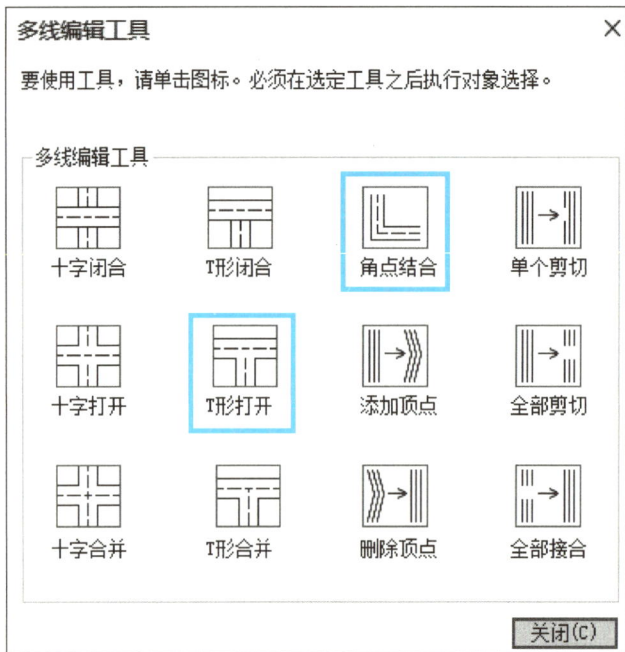

图 9-9　多线编辑工具

点击"角点结合"，编辑直角交接处，如图 9-10 所示。

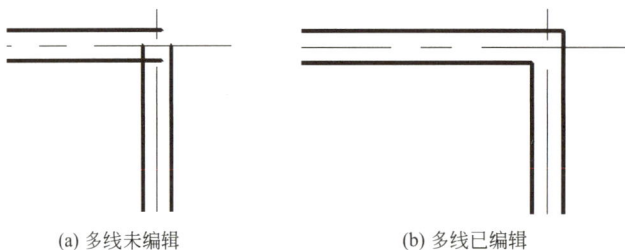

(a) 多线未编辑　　　　　　　　(b) 多线已编辑

图 9-10　墙体直角交接处多线编辑

点击"T 形打开"，编辑 T 形交接处，如图 9-11 所示。

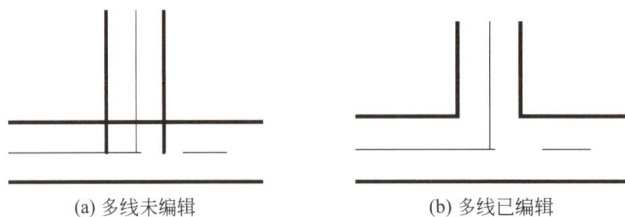

(a) 多线未编辑　　　　　　　　(b) 多线已编辑

图 9-11　墙体 T 形交接处多线编辑

编辑多线后的墙体如图 9-12 所示。

建筑 CAD

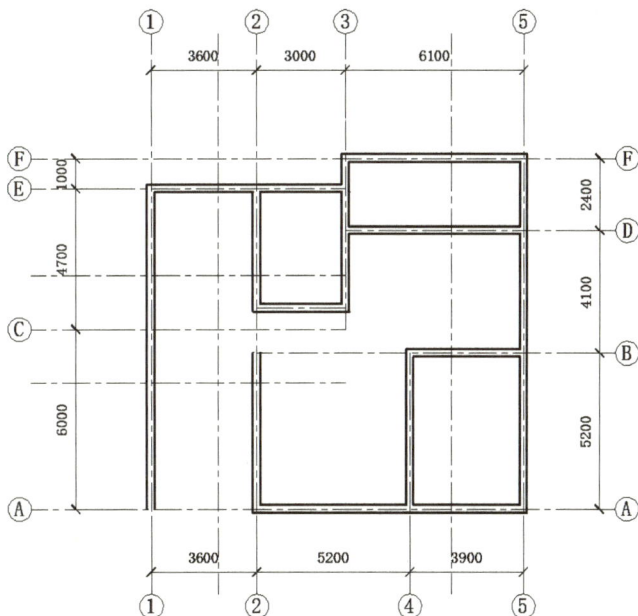

图 9-12　编辑多线绘制的墙体

2．绘制 100 厚隔墙

在"多线"命令中设置多线比例为 100，对正方式为"无"（即居中对正），绘制效果如图 9-13 所示。

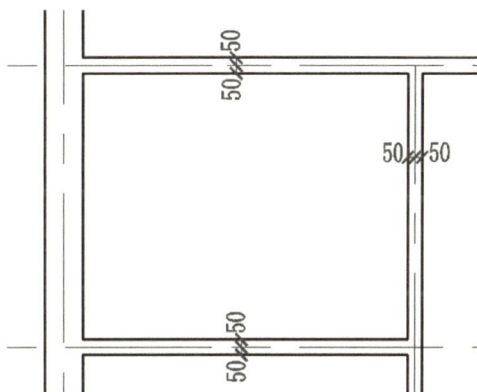

图 9-13　100mm 厚隔墙尺寸

在平面图中绘制墙体如图 9-14 中圈出的部分。

3．绘制弧形墙

按照图 9-15 绘制辅助线，用圆弧命令绘制弧形墙体的轴线。

在弧形墙两侧分别偏移 125mm 作为墙线，如图 9-16 所示。

将偏移出的墙线设置在"墙体"图层中，并修剪和整理墙体交接处，整理后的墙体如图 9-17 所示。

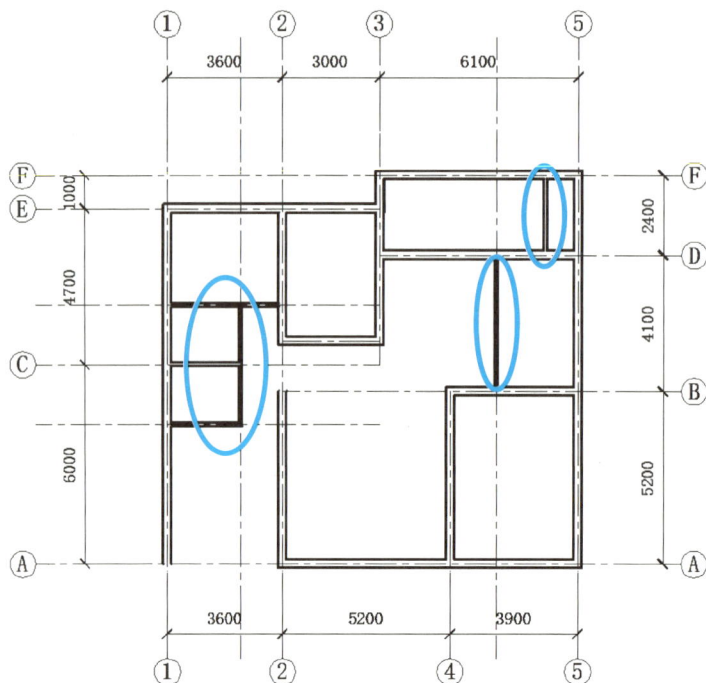

图 9-14　绘制 100mm 厚墙体

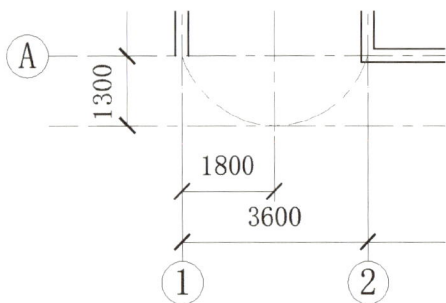

图 9-15　绘制弧形墙轴线

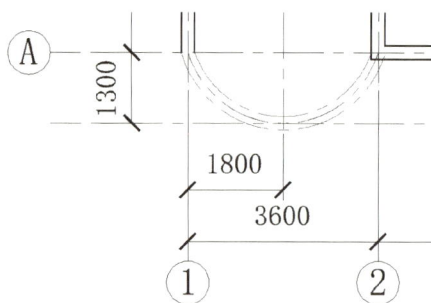

图 9-16　偏移出墙线

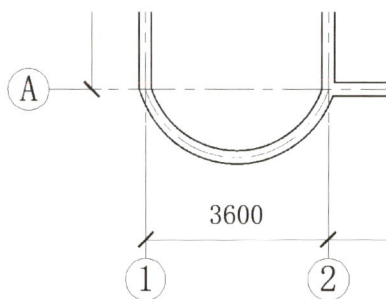

图 9-17　整理弧形墙体

建筑 CAD

9.1.3 绘制柱子

1. 绘制矩形柱

在墙体中绘制 600mm×250mm 的矩形作为柱子轮廓，如图 9-18 所示。

在填充命令中选择"SOLID"，用实心图案填充柱子，如图 9-19 所示。填充效果如图 9-20 所示。

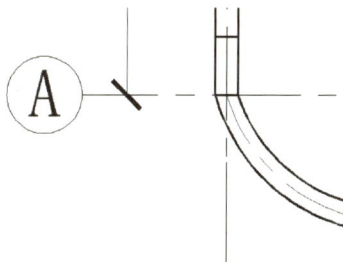

图 9-18　矩形柱轮廓

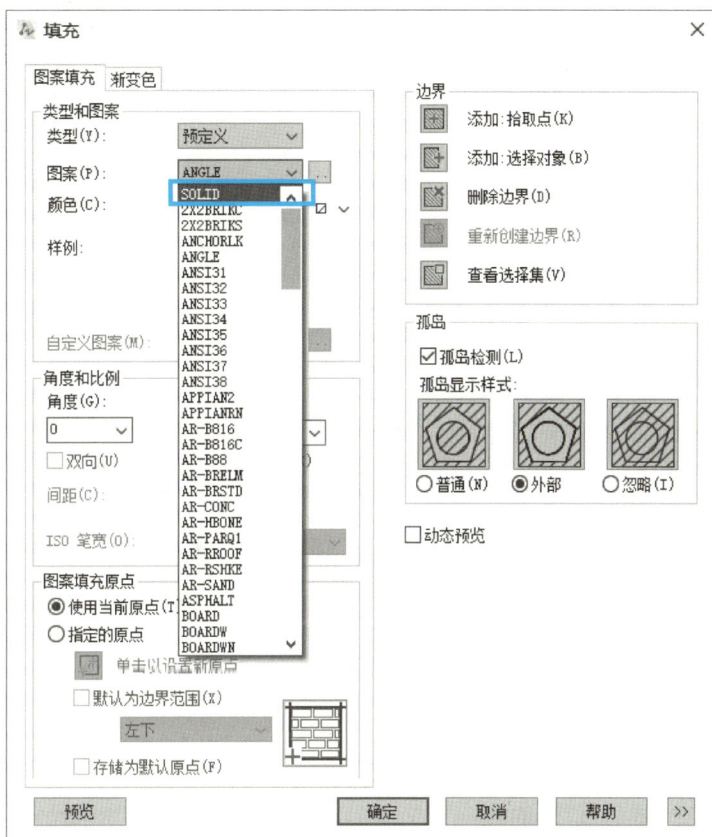

图 9-19　选择"SOLID"图案进行填充

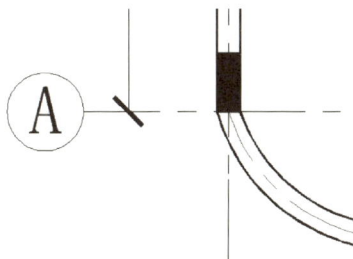

图 9-20　矩形柱填充效果

2. 绘制异形柱

绘制横向长度为 600mm、纵向长度为 650mm、厚度同墙厚的异形柱，如图 9-21 所示。同样用实心图案进行填充，如图 9-22 所示。

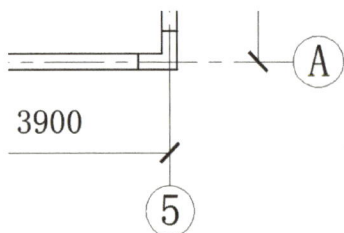

图 9-21　异形柱轮廓　　　　　　　　图 9-22　异形柱填充效果

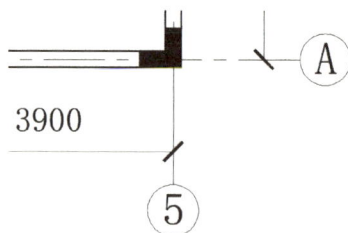

9.1.4　绘制门窗

1. 绘制门窗洞口

以Ⓐ轴上④、⑤轴之间的 C2 窗为例绘制窗洞，按照窗洞宽 1800mm 和窗洞与轴线间距为 1050mm 绘制辅助线，然后绘制洞口线，如图 9-23 所示。

删除辅助线，在洞口线之间修剪墙线，形成洞口，如图 9-24 所示。

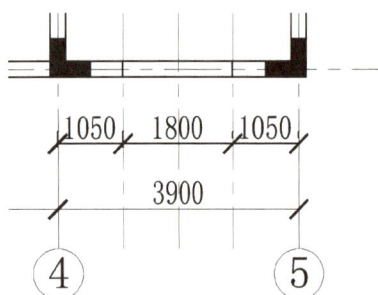

图 9-23　定位 C2 窗洞口线　　　　　图 9-24　洞口绘制效果

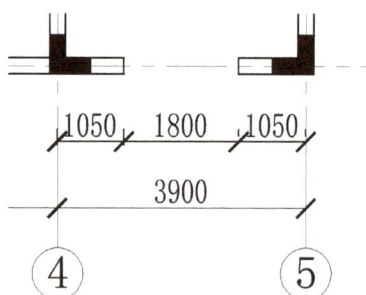

2. 绘制普通窗

以Ⓕ轴墙上 C3 窗为例，用多线绘制窗户。在多线样式命令"MLSTYLE"中新建"窗"样式，在元素中设置 0.5、0.17、-0.17、-0.5 四项，以表示用四条线将 -0.5 ~ 0.5 的单位为 1 的墙厚三等分，作为窗的图例，如图 9-25 所示。

将设置好的多线样式"窗"置为当前，如图 9-26 所示。

如图 9-27 所示，在厚度为 250mm 的外墙上绘制窗 C3，在"多线"命令中设置多线比例为 250，对正方式为"无"，依次点击轴线与墙厚的交点即点 1 和点 2，即得到窗线。

3. 绘制弧形窗

按照 C1 与轴线间距 326mm 绘制窗洞口，将弧线进行偏移，使 4 条窗线将墙厚三等分，如图 9-28 所示。

图 9-25　设置窗的多线样式

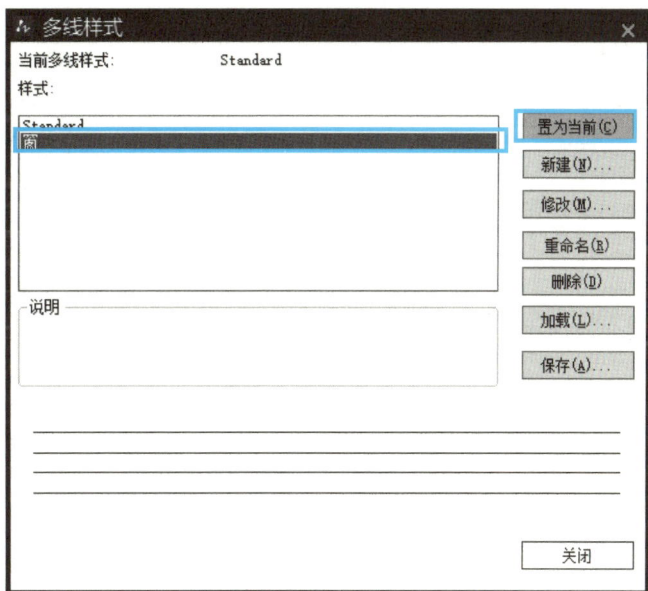

图 9-26　将多线样式"窗"置为当前

4. 绘制凸窗

以Ⓐ轴墙体上在④、⑤轴之间的窗 C2 为例，用直线命令绘制墙体内表面洞口线。

用多段线命令绘制凸窗内沿线，其出挑宽度从外墙外面算起向外600mm，长度与洞口宽度相同，用偏移命令向外偏移两层50mm作为凸窗，如图9-29所示。

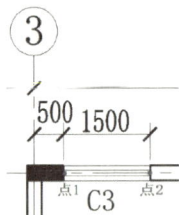

图9-27　绘制窗C3

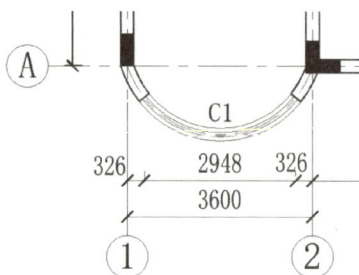

图9-28　弧形窗绘制

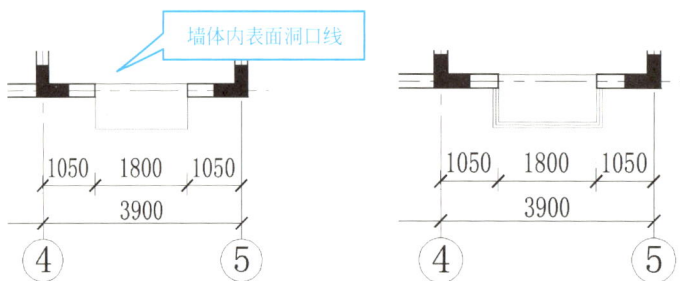

(a) 绘制墙体内表面洞口线和凸窗内沿线

(b) 偏移出凸窗线

图9-29　绘制凸窗

5. 绘制平开门

以Ⓑ轴墙体上M1门为例，绘制50mm×900mm的矩形，在圆弧命令中使用"圆心、起点、端点"的模式，按照图9-30中点1、2、3的顺序依次点击作为圆弧的圆心、起点和端点。

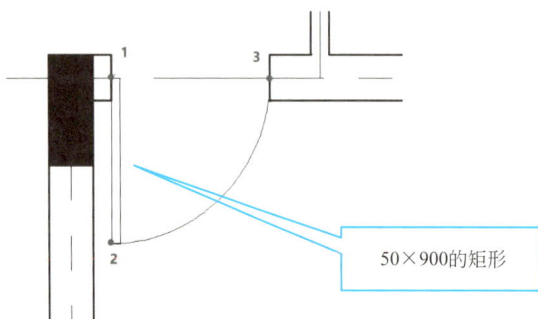

50×900的矩形

图9-30　绘制平开门

6. 绘制推拉门

用两个相互交错的矩形表示推拉门，矩形宽度可设为50mm，长度自行设置，如图9-31所示。

9.1.5　绘制台阶

用多段线绘制出入口台阶的外轮廓，长度在②、④轴之间，宽度为 1600mm，然后将多段线向内偏移 350mm 形成 2 级踏步。最后在左右两个角绘制填充实心图案的柱，如图 9-32 所示。

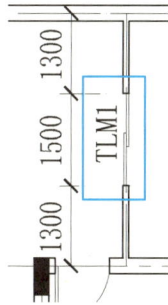

图 9-31　绘制推拉门

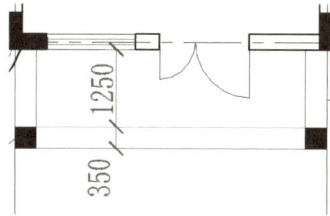

图 9-32　绘制台阶

9.1.6　绘制散水

用多段线沿外墙外表面绘制一圈，多段线可用于接下来的偏移功能，可减少对线条交接处的整理，如图 9-33 所示。

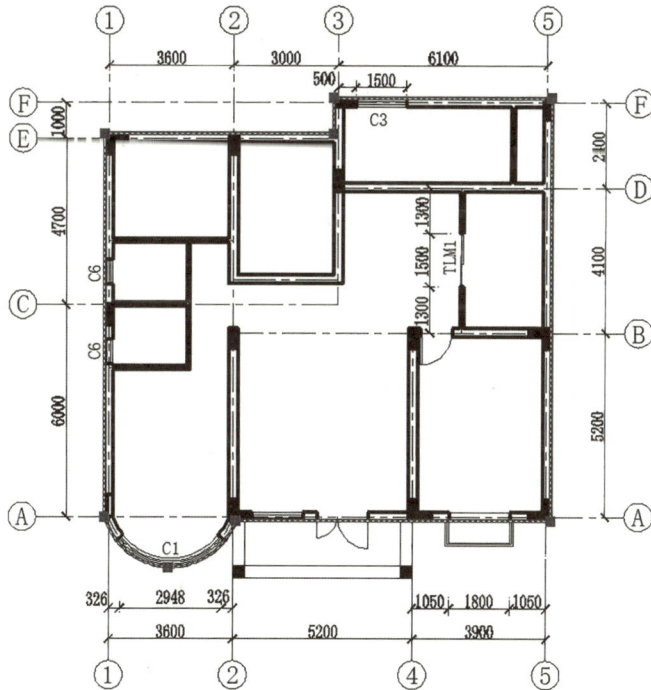

图 9-33　多段线沿外墙外表面绘制一圈

用偏移命令将刚才绘制的多段线向外偏移 800mm，该偏移线可能会与出入口处台阶线交叉，可按照实际情况修剪散水线，如图 9-34 所示。

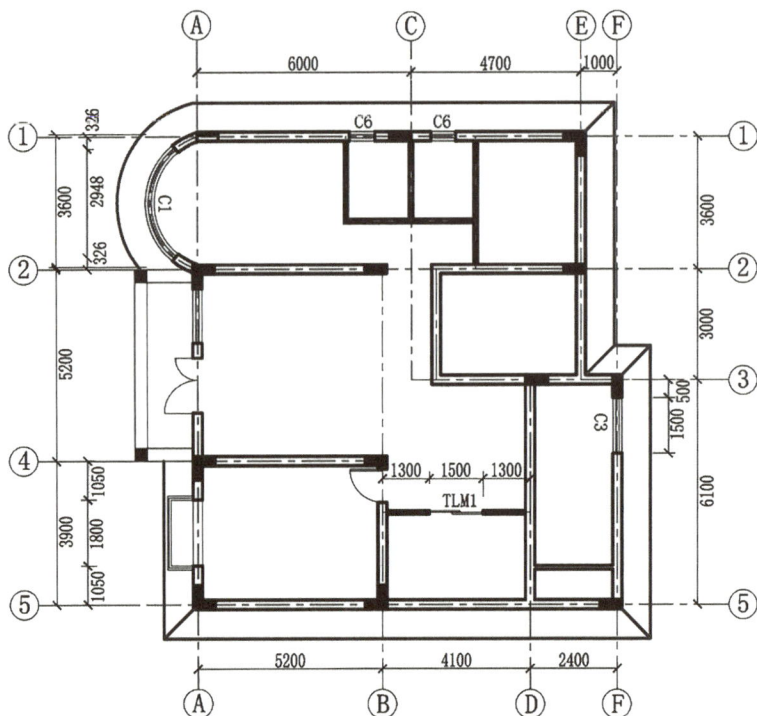

图 9-34　从多段线偏移出散水

9.1.7　其他标注

1. 补充其余尺寸标注

以①轴上窗为例，补充窗洞尺寸及其与轴线间距。图中其余各处根据需要补全尺寸标注，如图 9-35 所示。

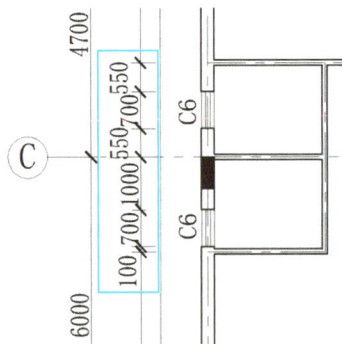

图 9-35　补充尺寸标注

建筑平面图的尺寸标注在建筑外围共有三道，分别是门窗细部尺寸、开间进深尺寸和建筑的总长、总宽，如图9-36所示。

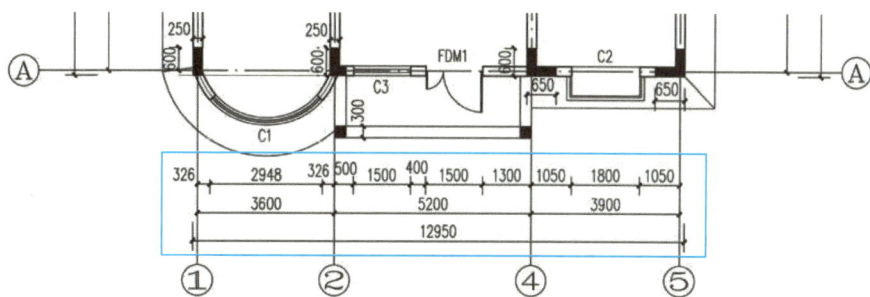

图9-36　建筑平面图的三道尺寸标注

2．文字标注

添加房间名称文字标注，字高500mm，如图9-37所示。

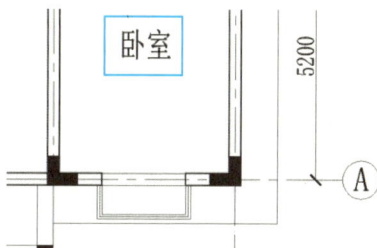

图9-37　添加文字标注

3．添加指北针和标高

指北针直径24mm，按照1∶100比例绘制成直径为2400mm的圆，在内部绘制一端宽度为0、另一端宽度为300mm的多段线作为箭头，如图9-38（a）所示。标高符号高3mm，按照1∶100比例绘制高度为300mm的标高符号，如图9-38（b）所示。

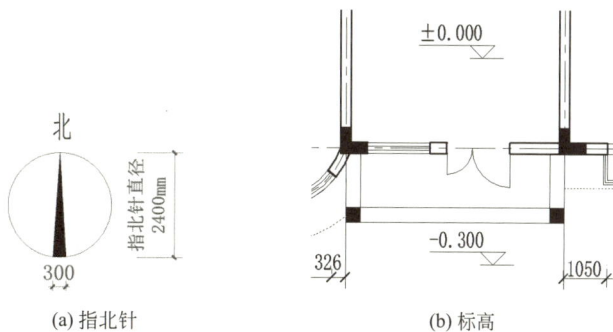

(a) 指北针　　　　　　(b) 标高

图9-38　绘制指北针和标高

4．添加图名和比例

添加图名"一层平面图"，字高 1000mm。添加比例文字"1：100"，字高 700mm，如图 9-39 所示。

$$一层平面图\ 1:100$$

图 9-39　图名和比例

9.2　使用中望 CAD 建筑版绘制一层平面图

中望 CAD 在常用绘图命令和编辑命令的基础上，根据建筑施工图设计的特点整合了命令，形成了一系列的建筑设计命令，集合成"中望建筑"设计软件，在中望 CAD 建筑版中绘图可以简化构件命令的使用，提高绘图效率。同时，中望 CAD 建筑版可以将平面图整合为三维形体，从而可以快速形成立面图和剖面图。

9.2.1　建立轴网

点取"轴网柱子""绘制轴网"命令在绘制直线轴网，在图 9-40"绘制轴网"对话框中输入表 9-1 的数据，点取插入点后即在图中插入如图 9-41 所示的直线轴网。

开间进深尺寸（mm）　　　　　　　　　　　　　　　　　　表 9-1

上开间	3600	3000	6100	左进深	6000	4700	1000
下开间	3600	5200	3900	右进深	5200	4100	2400

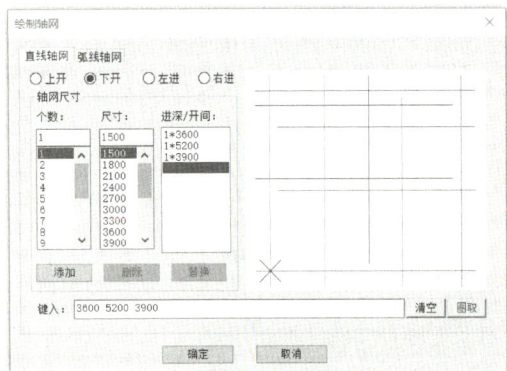

图 9-40　轴网尺寸

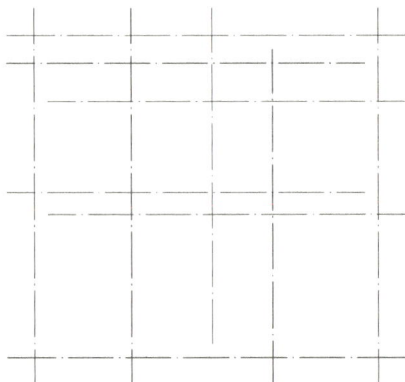

图 9-41　直线轴网

点取"轴网标注"命令，在"轴网标注"对话框里的轴号标注和尺寸标注形式中启用"单侧标注"选项进行标注，标注后如图 9-42 所示。注意：两点轴标标注时，选取起始轴和结束轴的原则是"先左后右，先下后上"。

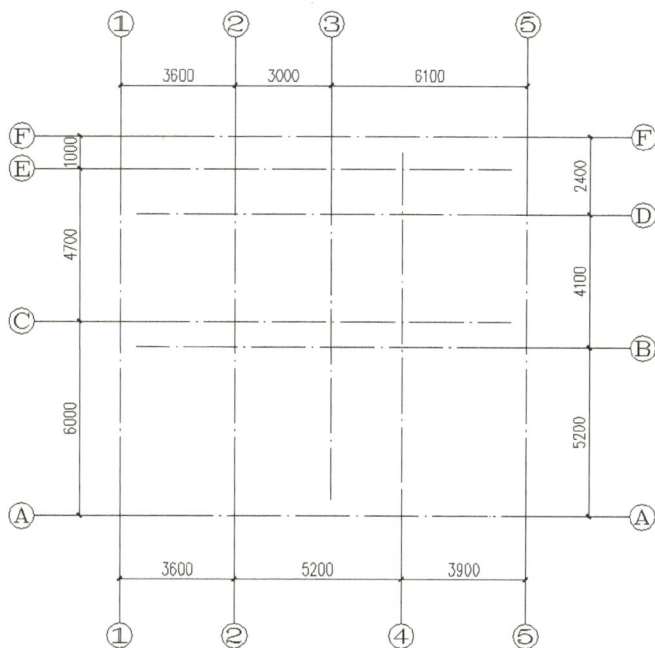

图 9-42　轴网标注示例

9.2.2　绘制墙体

1. 绘制直线墙体

点取绘制"绘制墙梁"命令后，根据以下设计参数要求在对话框中更改设置，外墙厚 250 轴线居中，内墙厚 250mm 轴线居中，完成墙体设置后的对话框如图 9-43 所示。

(a) 外墙

(b) 内墙

图 9-43　绘制墙体对话框

按照一层平面图绘制各段墙体，注意轴网编号为（1，A）（2，A）的外墙先不绘制，如图 9-44 所示。

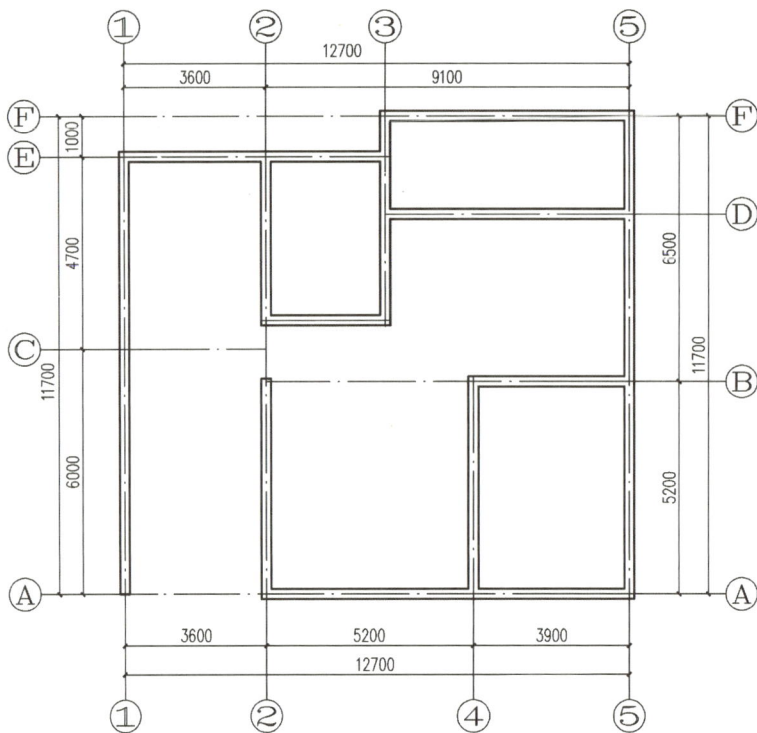

图 9-44　绘制墙体示例（内外墙）

绘制卫生间隔墙，点取绘制"绘制墙梁"命令后，根据以下设计参数要求在对话框中更改设置，隔墙类型选用隔墙，厚 100mm 轴线居中，如图 9-45 所示。

图 9-45　绘制墙体对话框

在平面图中绘制隔墙，如图 9-46 所示。

2. 绘制弧线墙体

将Ⓐ轴向下偏移 1300mm，①轴向右偏移 1800mm，找到弧形墙体顶点，点击"修改板""圆弧"命令，三点绘制弧线，依次点击 A、B、C 三点，完成弧线绘制。点击"墙梁板""单线变墙"，墙厚 250mm，居中，如图 9-47 所示。

　　　　　　　　　　　　　　　　　　　　　　　建筑 CAD

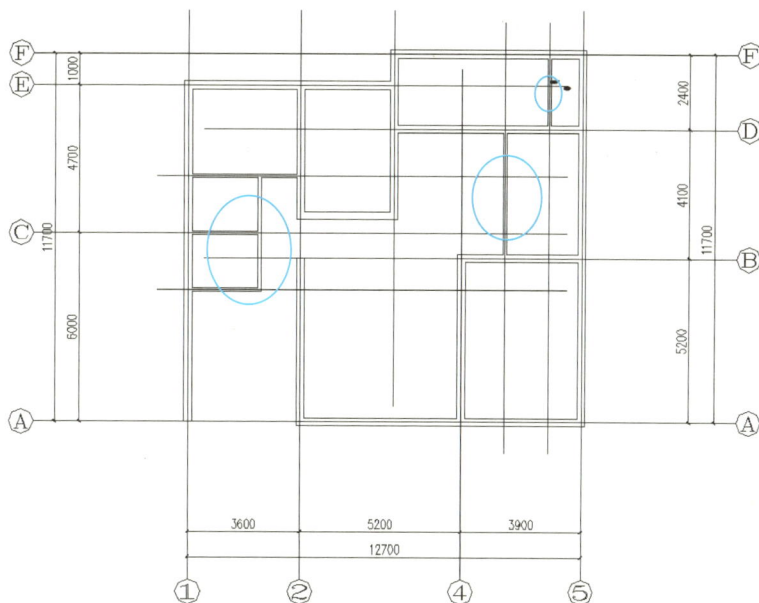

图 9-46　绘制墙体示例（隔墙）

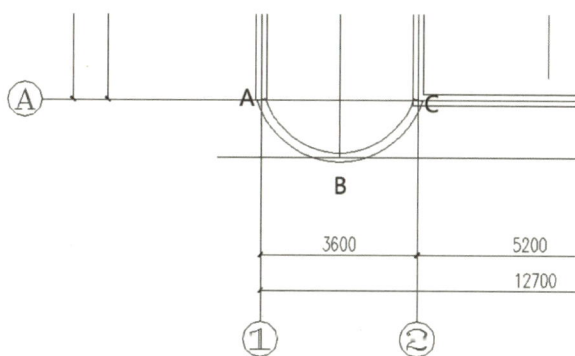

图 9-47　绘制弧形墙体示例

9.2.3　绘制柱子

1. 插入标准柱

点击"轴网柱子""标准柱"，设置柱子尺寸为 250mm×600mm，高度同层高3500mm，材质为钢筋混凝土，如图 9-48 所示。

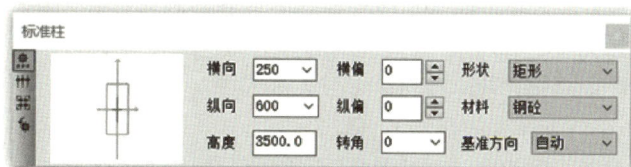

图 9-48　设置标准柱

在平面图中布置标准柱，如图 9-49 所示。

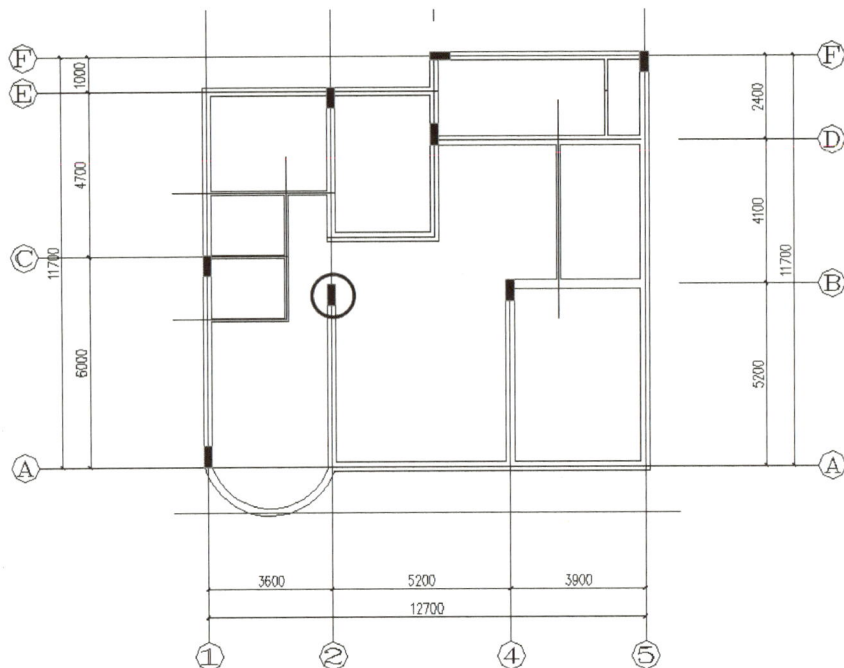

图 9-49　标准柱布置柱子示例

2. 插入异形柱

点击"轴网柱子""角柱"，设置柱子尺寸为 600mm×650mm，高度同层高，如图 9-50 所示。按照图 9-51 位置放置角柱。

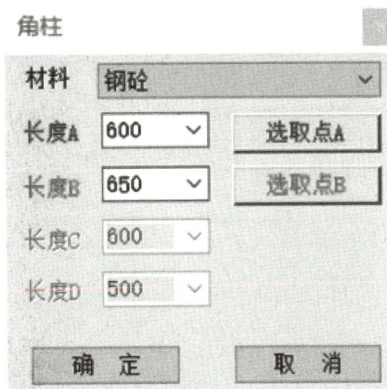

图 9-50　异形柱设置示例

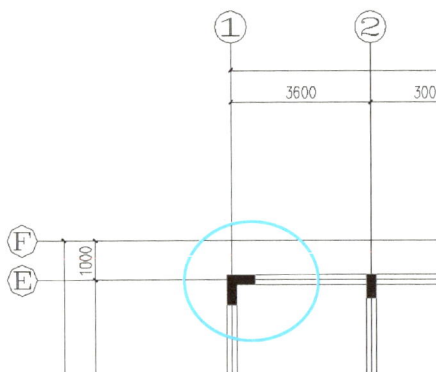

图 9-51　放置角柱

在平面图中布置所有的角柱，如图 9-52 所示。

建筑 CAD

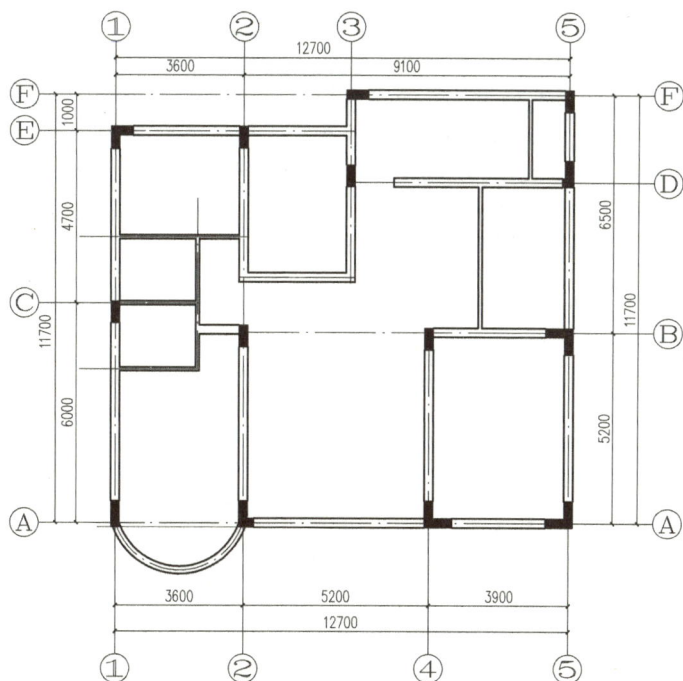

图 9-52　标准柱布置柱子示例

9.2.4　绘制门窗

平面图中的门窗尺寸及数量见表 9-2。

门窗表

表 9-2

门窗类别	门窗编号	洞口尺寸		总数量（个）	备注
		宽（mm）	高（mm）		
高级木门	M1	900	2100	18	—
	M2	700	2100	6	—
铝合金门	LM1	900	2100	1	详见门窗详图
防盗门	FDM1	1500	2100	1	成品装饰防盗门
	FDM2	700	2100	1	
铝合金推拉门	TLM1	1500	2100	3	详见门窗详图
	TLM2	3000	2500	2	
	RM3	1800	2500	1	
铝合金窗	C1	3150	1600	1	详见门窗详图
	C1A	3150	1900	1	
	C2	1800	1600	2	
	C2A	1800	1900	9	

门窗类别	门窗编号	洞口尺寸		总数量（个）	备注
		宽（mm）	高（mm）		
铝合金窗	C3	1500	1600	2	详见门窗详图
	C4	1500	1900	2	
	C4A	1500	1900	6	
	C5	3000	1600	1	
	C6	700	1600	6	

1. 插入门

（1）插入 M1、M2 门

点击"门窗"命令，在门窗参数对话框中设置参数门窗尺寸，选择工具栏中的垛宽定距，距离为 50mm 插入，如图 9-53 所示。

(a) M1门尺寸

(b) M2门尺寸

图 9-53　设置门参数

在平面图中墙体相应位置插入设置好的 M2 门，如图 9-54 所示。

（2）插入 TLM1 门

点击"门窗"命令，在门窗参数对话框中设置参数门窗尺寸 1500mm×2100mm，门槛高 0mm，选择工具栏中的轴线等分插入，点击 A、B 位置选择窗二维及三维模型，如图 9-55 所示。

在平面图中墙体相应位置插入设置好的 TLM1 门，如图 9-56 所示。

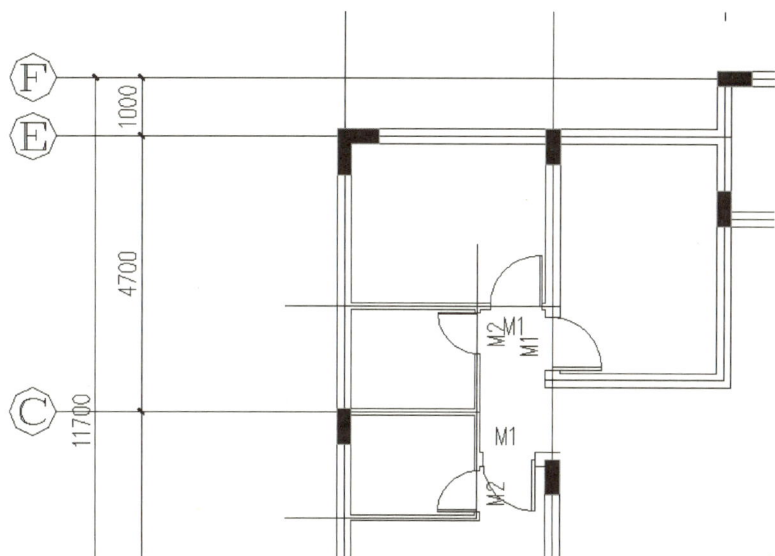
图 9-54 M1、M2 门布置示例

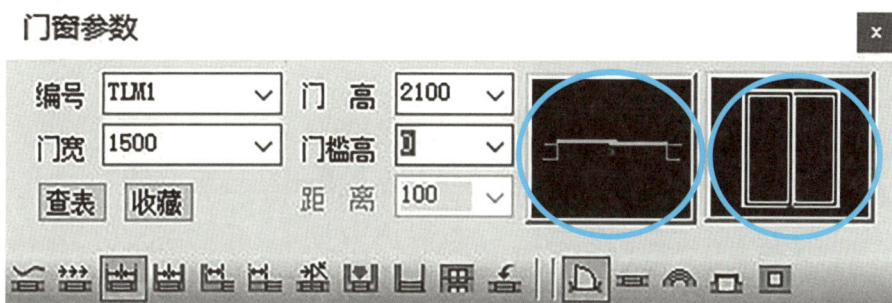
图 9-55 TLM1 门窗参数

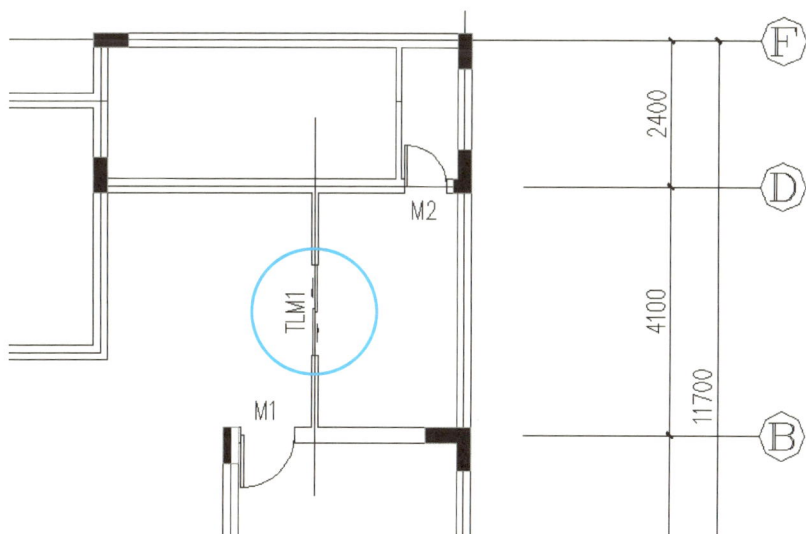
图 9-56 TLM1 门布置示例

（3）插入 FDM1 门

点击"门窗"命令，在门窗参数对话框中设置参数门窗尺寸 1500mm×2100mm，门槛高 0mm，选择工具栏中的轴线定距插入，距离 1300mm 插入，点击 A、B 位置选择窗二维及三维模型，如图 9-57 所示。

图 9-57　FDM1 门窗参数

在平面图中插入设置好的 FDM1 门，如图 9-58 所示。

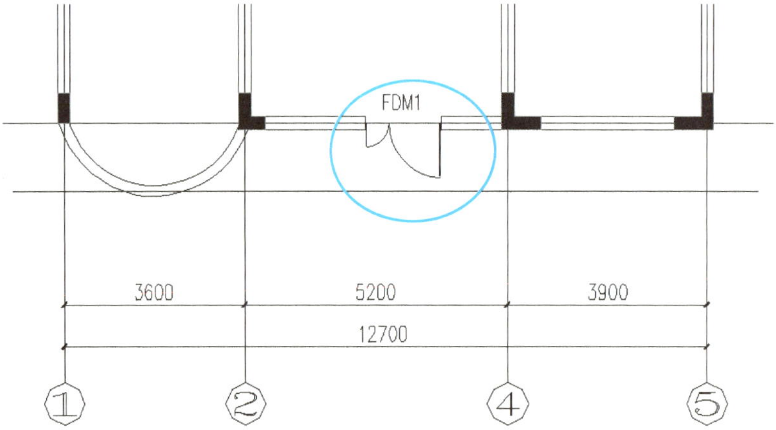

图 9-58　FDM1 门布置示例

（4）插入 FDM2 门

点击"门窗"命令，在门窗参数对话框中设置参数门窗尺寸 700mm×2100mm，门槛高 0，垛宽定距，距离 50mm 插入，如图 9-59 所示。

在平面图中插入设置好的 FDM2 门，如图 9-60 所示。

2. 插入窗

（1）插入 C1 窗

点击"门窗"命令，在门窗参数对话框中设置参数门窗尺寸 3150mm×1600mm，等分插入，选择弧窗，如图 9-61 所示。

图 9-59 FDM2 门窗参数

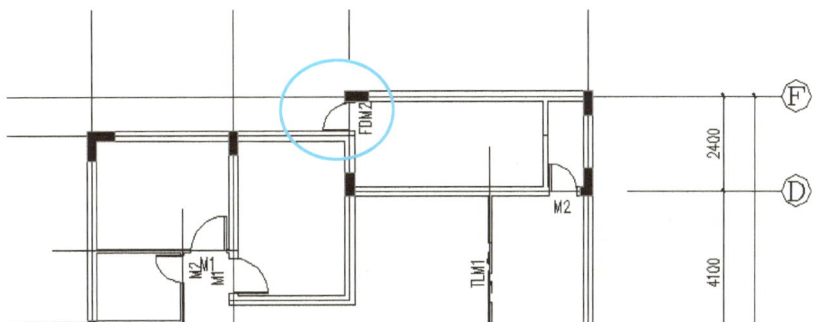

图 9-60 FDM2 门布置示例

图 9-61 C1 门窗参数

在平面图中布置 C1 窗，如图 9-62 所示。

（2）插入 C2 窗

点击"门窗"命令，在门窗参数对话框中设置参数门窗尺寸 1800mm×1600mm，等分插入，选择凸窗，如图 9-63 所示。

在平面图中的墙体上插入设置好的 C2 窗，如图 9-64 所示。

（3）插入 C3 窗

点击"门窗"命令，在门窗参数对话框中设置参数门窗尺寸 1500mm×1600mm，等分插入，如图 9-65 所示。

在平面图中的墙体上插入设置好的 C3 窗，如图 9-66 所示。

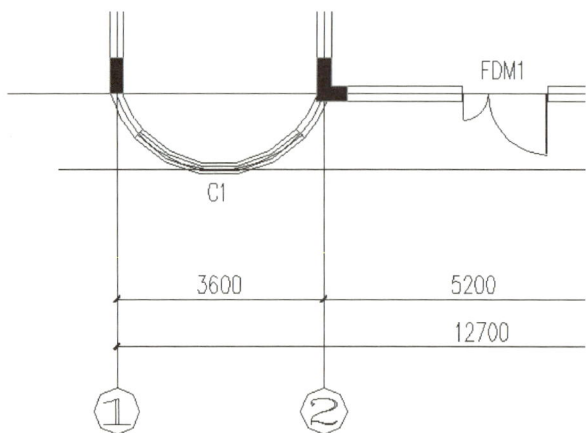

图 9-62　C1 窗布置示例

图 9-63　C2 门窗参数

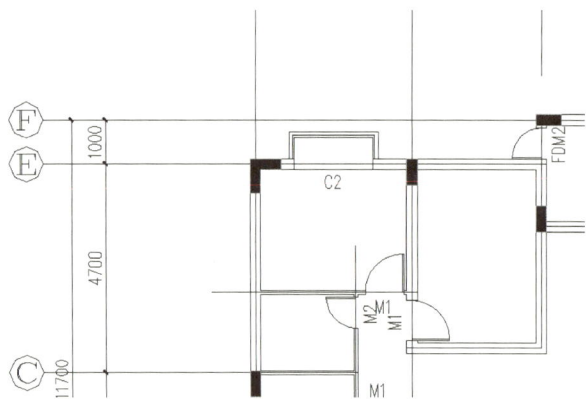

图 9-64　C2 窗布置示例

图 9-65　C3 门窗参数

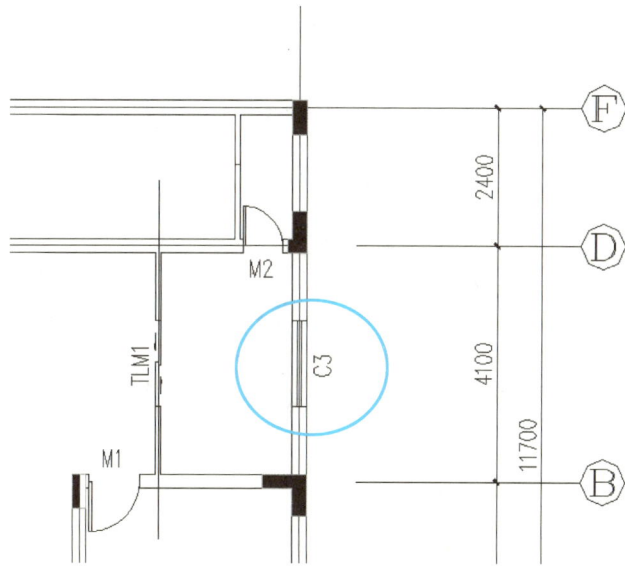

图 9-66　C3 窗布置示例

（4）在平面图中布置一层其余窗，如图 9-67 所示。

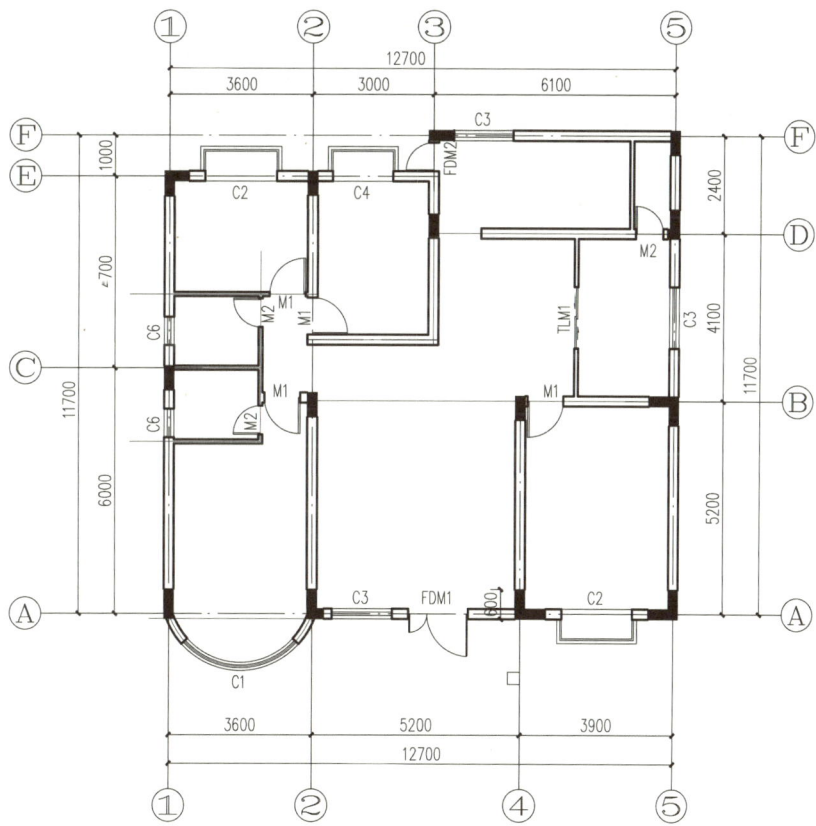

图 9-67　门窗布置示例

9.2.5 设置墙体高度

单击"梁墙板""改外墙高"命令，左键框选所有图形，右键确定，修改新的外墙高3800、底标高 -300。注意不维持墙窗距离。如图 9-68 所示。

图 9-68 修改外墙高度

9.2.6 绘制台阶

单击"建筑设施""台阶"命令，设置如图 9-69 所示相关信息。在相应位置添加两根 300mm×300mm 的柱子，高度为 3500mm，同层高。

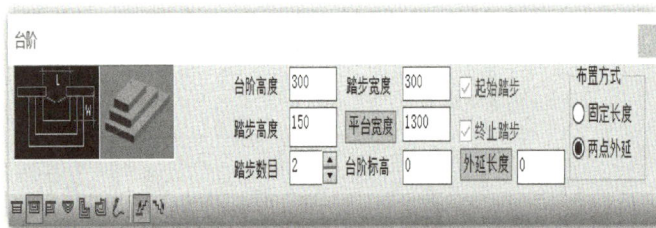

图 9-69 台阶参数

在平面图中绘制相应的台阶，如图 9-70 所示。

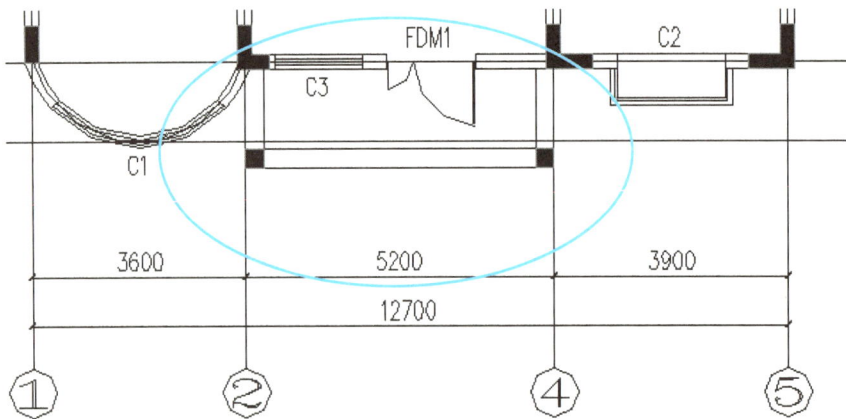

图 9-70 台阶布置示例

9.2.7 绘制楼梯

单击"建筑设施""双跑楼梯"命令，设置如图 9-71 所示相关楼梯信息。

图 9-71　台阶参数

按照右侧上楼放置楼梯，如图 9-72 所示。

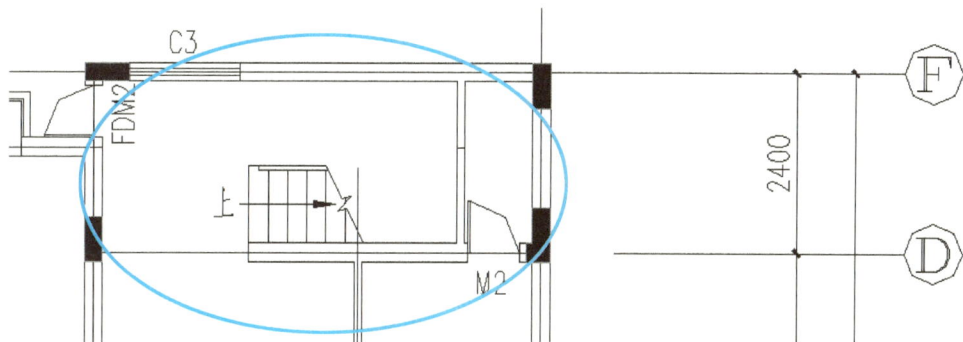

图 9-72　楼梯布置

9.2.8 尺寸标注

单击"尺寸标注""逐点标注"命令，标注建筑物相关尺寸外部门窗洞口尺寸，如图 9-73 所示。

9.2.9 其他标注

单击"尺寸标注""标高标注"命令，参数如图 9-74 所示。

单击"文表符号""指北针"命令，添加指北针。

单击"文表符号""图名标注"命令，添加图名"一层平面图"。

单击"文表符号""剖切符号"命令，添加图名"剖切符号"。

单击"文表符号""单行文字"命令，添加房间名称。

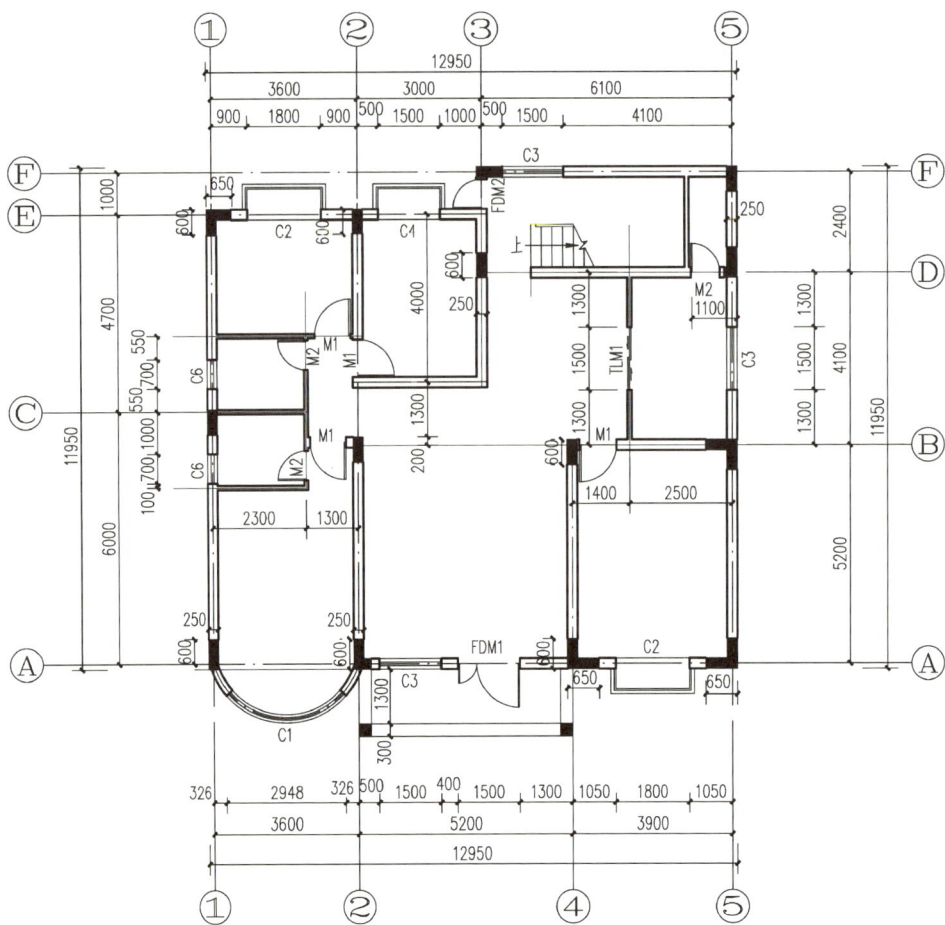

图 9-73 尺寸标注示例

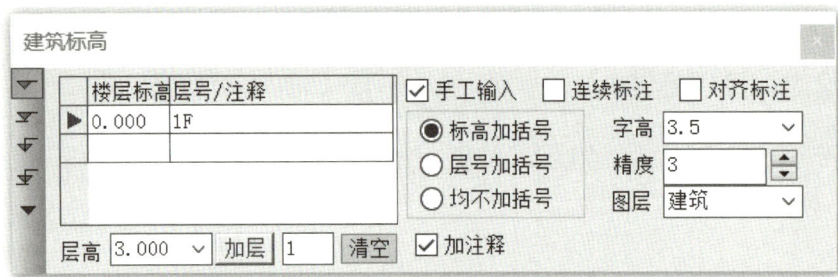

图 9-74 标高标注参数

9.2.10 三维观察

点击"视图"面板，如图 9-75 所示进行设置，视口设为"两个：垂直"，将右侧视图设为"西南等轴测"，视觉样式为"消隐"。

图 9-75 视图设置

可将绘制完毕的平面图转至适当角度进行三维观察，如图 9-76 所示。

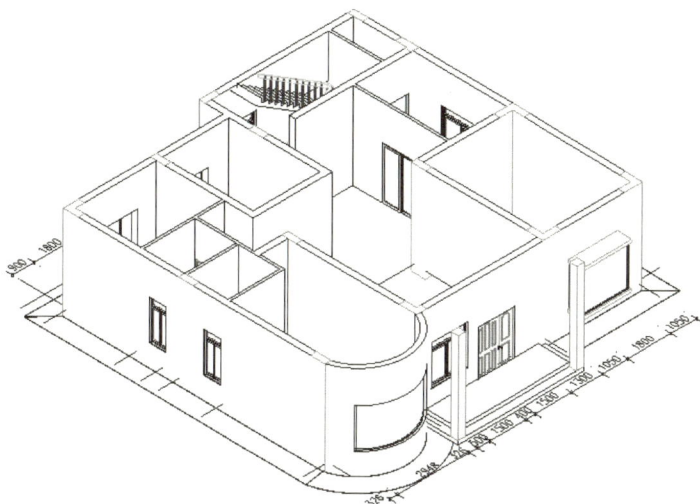

图 9-76 三维观察

9.3 绘制标准层、顶层平面图

在首层平面图的基础上修改为标准层平面图、顶层平面图的基本方法和步骤。首先，清理不需要的标注及构件，如室外台阶、散水等；其次，对平面图的细部修改，包括：墙体、门窗、楼梯、顶层的女儿墙等；最后，对平面图的各种标注修改，如尺寸标注、标高标注、图名等。

复制一层平面图并修改为二层平面图，如图 9-77 所示。该建筑二层平面布局与一层相同，在二层平面图中，删除台阶和散水，添加阳台并标注阳台坡度 1%，将出入口大门改为推拉门 TLM2，将楼梯间平面改为中间层，将地面标高改为 3.500m。

二层平面图的三维观察如图 9-78 所示。

复制二层平面图并修改为四层平面图，即顶层平面图，如图 9-79 所示。四层平面图中删除原来的阳台，将楼梯间改为顶层平面，且墙体布局有所改变。

顶层平面图的三维观察如图 9-80 所示。

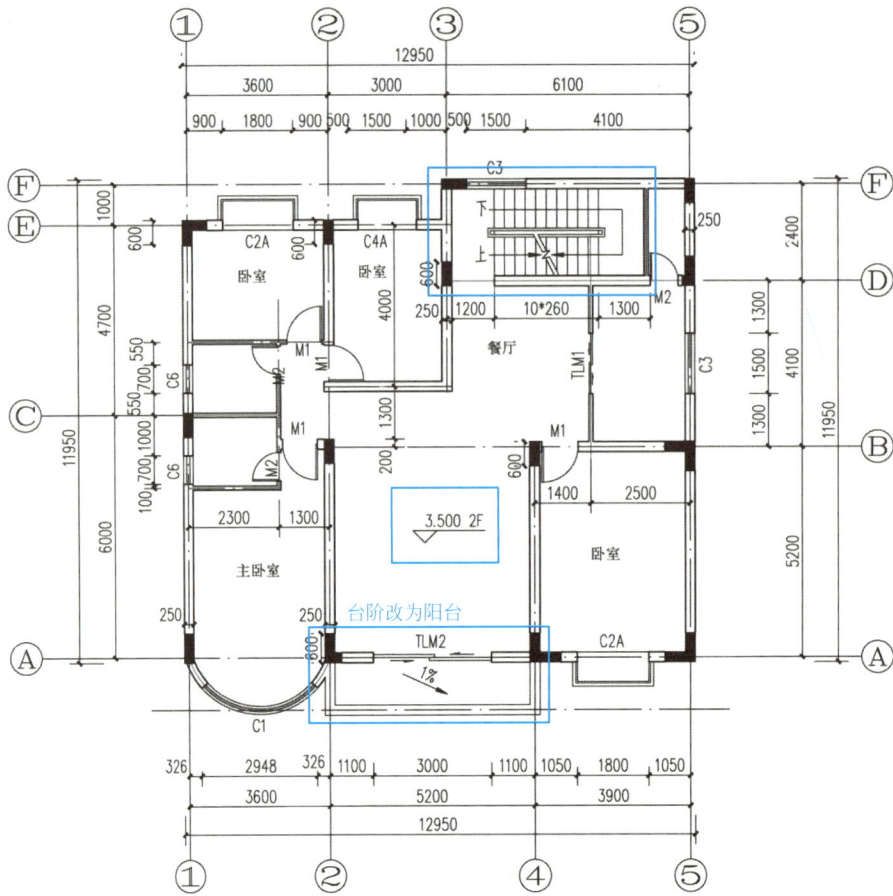

二层平面图 1:100

图 9-77　二层平面图

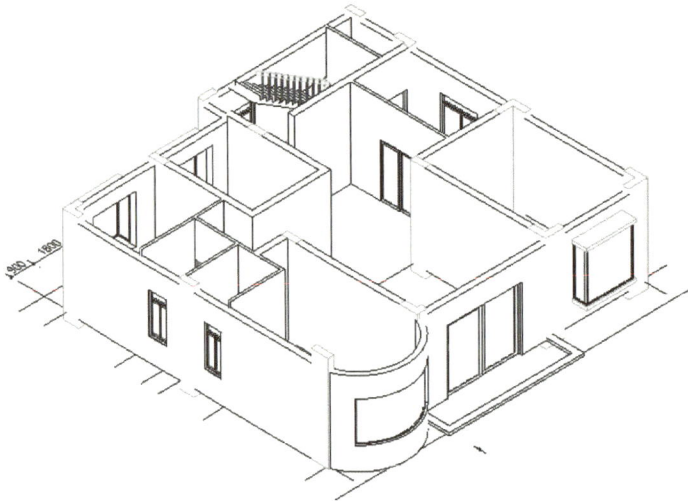

图 9-78　二层三维观察

　　·　　·　　　　　　　　　　　　　　　　　建筑 CAD

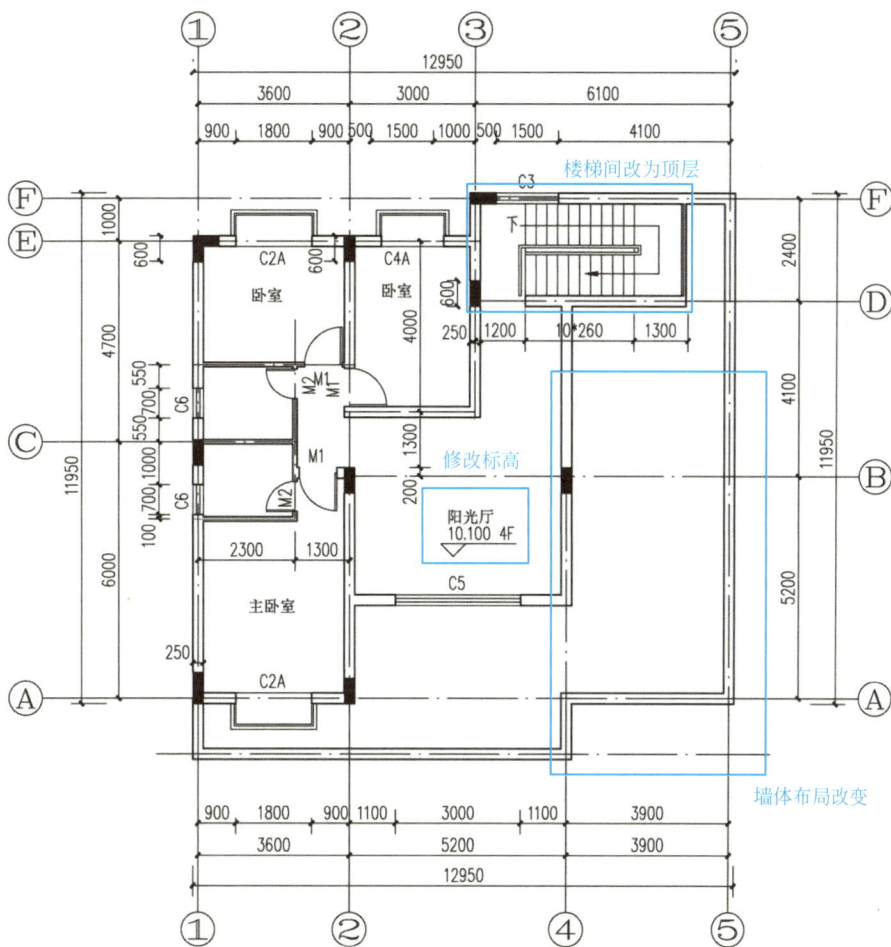

四层平面图 1:100

图 9-79 四层（顶层）平面图

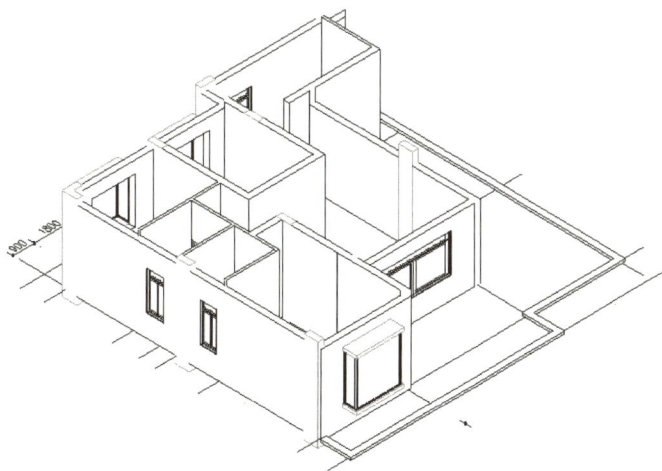

图 9-80 顶层三维观察

抄绘图 9-81 中的平面图。

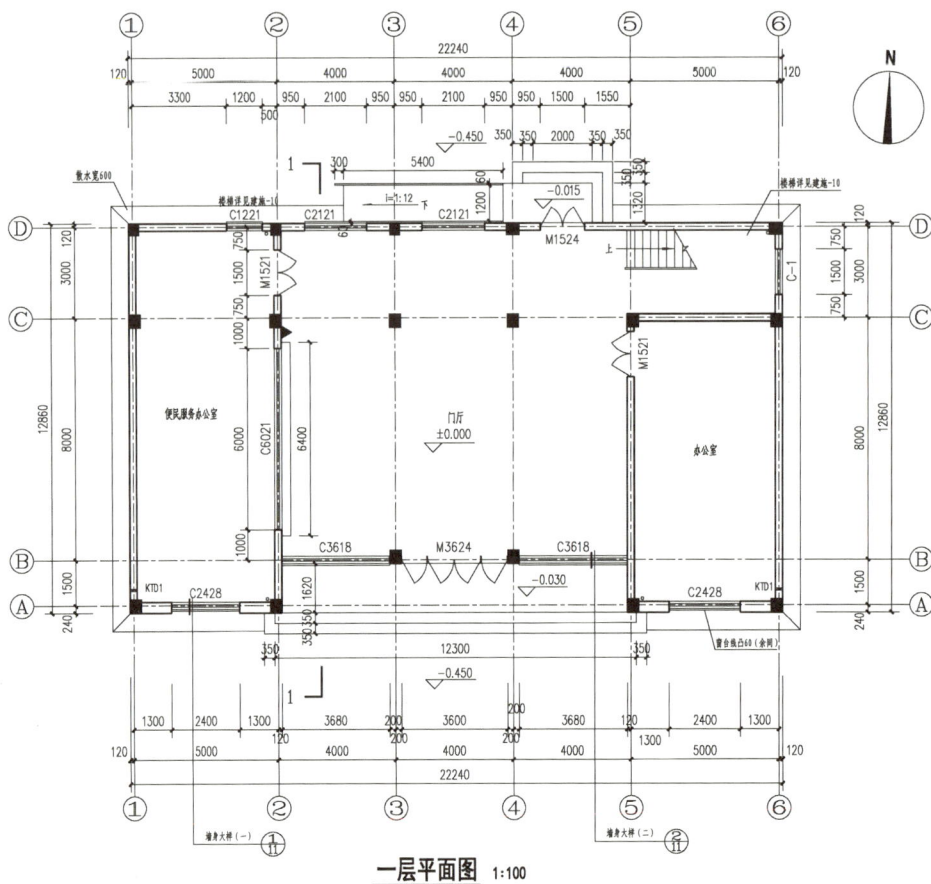

一层平面图 1:100

图 9-81 平面图绘制练习

单元 10
立面图绘制

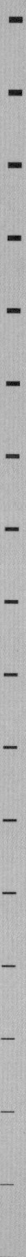

建筑 CAD

立面图绘制
├─ 使用中望CAD绘制①-⑤轴立面图
│   ├─ 绘制轴线及轴号 ── 间距与平面图一致
│   ├─ 绘制地坪线及建筑外轮廓
│   │   ├─ 地坪线用特粗实线绘制
│   │   ├─ 建筑立面外轮廓用粗实线绘制
│   │   └─ 中间的墙体轮廓线用中粗实线绘制
│   ├─ 绘制各层立面构件
│   │   ├─ 台阶
│   │   ├─ 柱投影
│   │   └─ 阳台柱线、女儿墙高度线
│   ├─ 绘制门窗及曲面墙体
│   │   ├─ 门窗洞口线水平宽度与平面图一致
│   │   ├─ 在门窗洞口内添加门窗细部线
│   │   ├─ 在各个楼层线位置添加装饰线
│   │   └─ 表面上绘制不等间距竖线用以表示曲面
│   ├─ 添加阳台栏杆
│   └─ 其他标注
│   ├─ 尺寸标注三道
│   ├─ 标高
│   └─ 图名
└─ 使用中望CAD建筑版绘制①-⑤轴立面图
    ├─ 生成立面
    │   ├─ 建立楼层 ── "文件布图" "建楼层框"命令
    │   └─ 生成立面 ── "立剖面" "建筑立面"命令
    ├─ 修改立面
    │   ├─ 修改门窗 ── "图块图案" "图库管理"命令
    │   ├─ 添加栏杆
    │   │   ├─ "图块图案" "图库管理"命令
    │   │   └─ 在立面图草图中添加阳台栏杆
    │   ├─ 添加屋顶 ── 通过偏移，圆弧命令进行绘制
    │   └─ 其他装饰构造
    └─ 添加图名 ── "文字符号""图名标注"命令

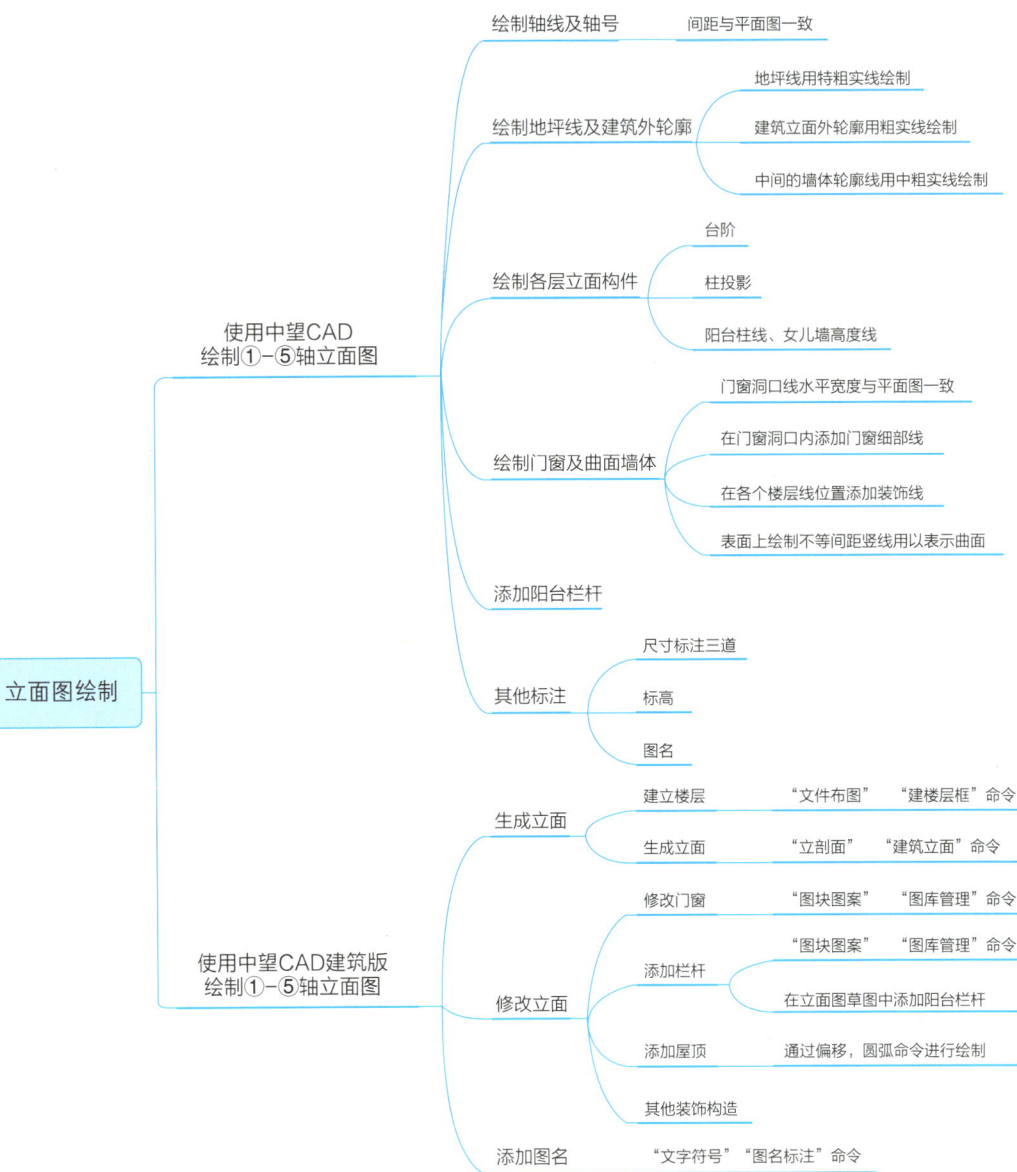

1. 知识目标：掌握立面图绘制的步骤和方法。

2. 能力目标：能根据需要设置线宽和线型；能选择合适的绘制命令进行绘图；能熟练地使用编辑命令进行图形和编辑和修改；能将立面图和平面图的尺寸进行对应。

3. 思政目标：CAD 绘图的优势在于能够控制精准度，"不以规矩，不能成方圆"，以工匠精神提升产品质量。同学们在绘图相关岗位工作时，要重视工作的精准度，主动提高自己工作标准，针对工作内容科学合理地制订工作方式和工作计划。

10.1 使用中望 CAD 绘制①-⑤轴立面图

抄绘图 10-1 中的①-⑤轴立面图。

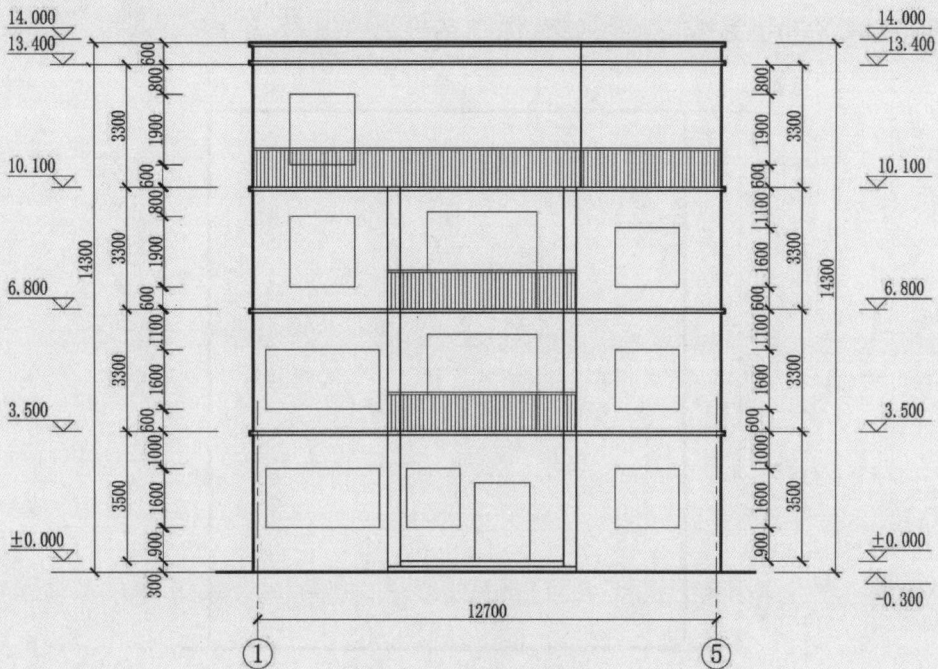

图 10-1 ①-⑤轴立面图

10.1.1 绘制轴线及轴号

绘制①轴和⑤轴，间距与平面图一致，为 12700mm，轴号圆圈大小与数字大小与平面图要求一致。为方便定位中间的外墙表面线，暂时绘制出中间②轴和④轴，如图 10-2 所示。

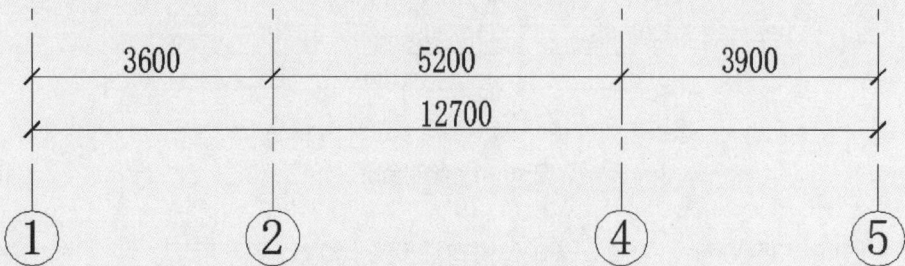

图 10-2 绘制轴线及轴号

10.1.2　绘制地坪线及建筑外轮廓

地坪线用特粗实线绘制，建筑立面外轮廓用粗实线绘制，中间的墙体轮廓线用中粗实线绘制。左右外墙表面从①、⑤轴线各向外侧偏移 125mm，建筑总高度从标高 0.300~14.000m，为 14.300m，如图 10-3 所示。

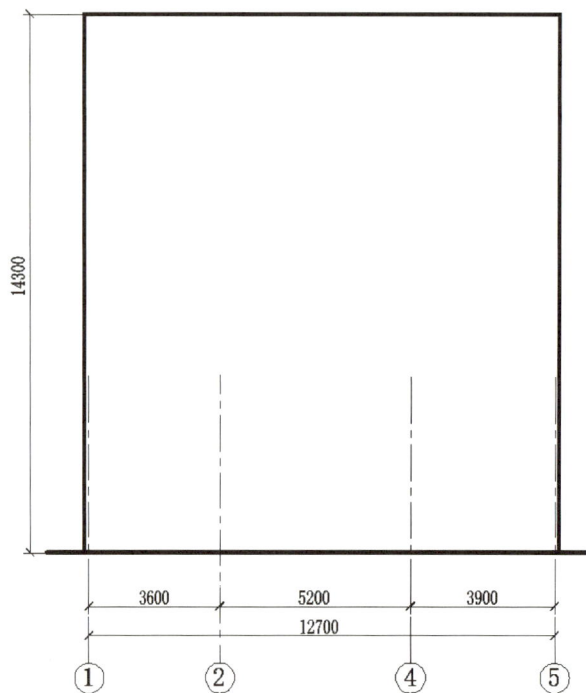

图 10-3　绘制地坪线及建筑外轮廓

10.1.3　绘制各层立面构件

一层的台阶共 2 级，每级高 150mm，踏面宽 300mm，如图 10-4 所示。

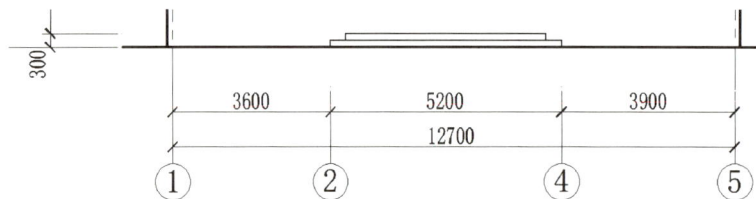

图 10-4　绘制台阶

一层层高 3500mm，在②、④轴位置有柱投影，如图 10-5 所示。

绘制二、三层阳台柱线，绘制四层墙体及女儿墙高度线，如图 10-6 所示。

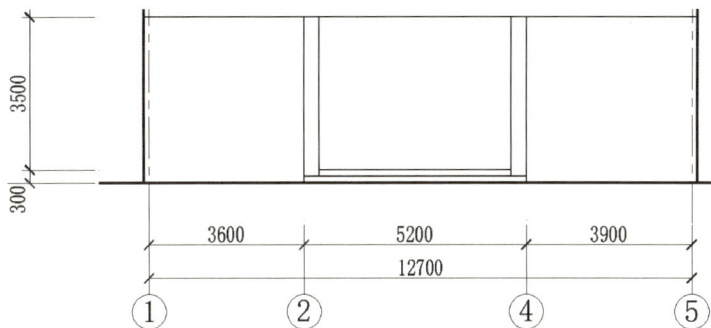

图 10-5 一层柱投影

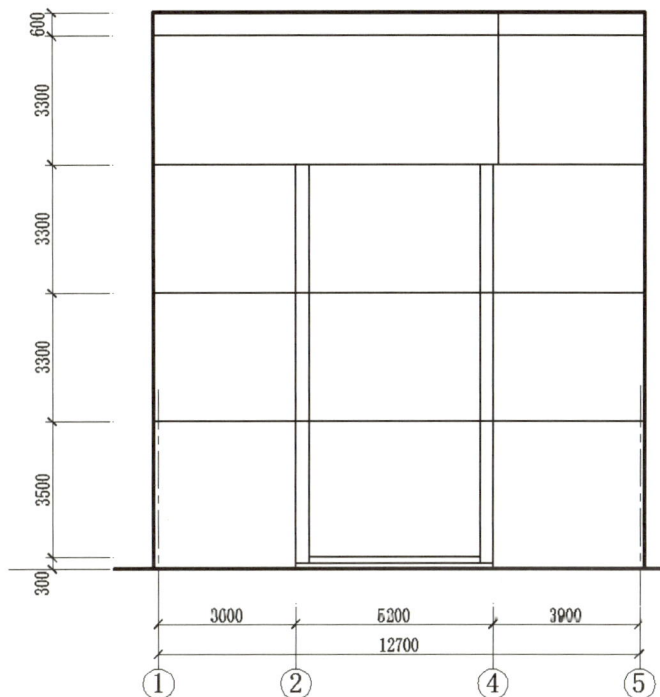

图 10-6 绘制阳台柱线

10.1.4 绘制门窗及曲面墙体

1. 绘制门窗

在平面图中标注出了门窗洞口的宽度尺寸以及与轴线之间的定位关系，在剖面图中利用这些进行水平方向的尺寸定位，如图 10-7 所示。

按照高度和平面图中的门窗宽度尺寸绘制辅助线，利用辅助线交点绘制矩形作为门窗洞口线，如图 10-8 所示。

按照图中高度添加门窗洞口线，注意水平宽度与平面图一致。此时可将②、④轴删除，在立面图中只保留两侧的轴线，如图 10-9 所示。

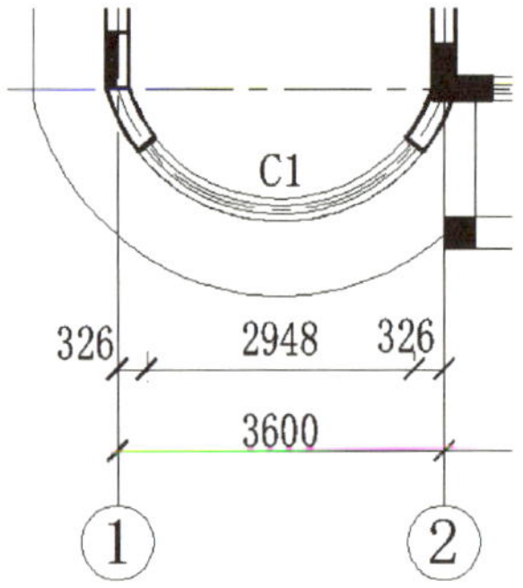

图 10-7 平面图中的窗洞宽度尺寸

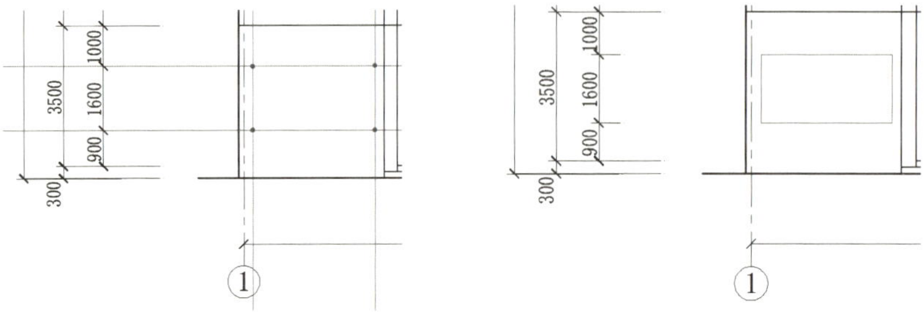

(a) 门窗洞口辅助线

(b) 绘制矩形作为洞口

图 10-8 利用辅助线绘制门窗洞口线

图 10-9 绘制门窗洞口

在门窗洞口内添加门窗细部线, 如图 10-10 所示。

建筑 CAD

图 10-10　绘制门窗细部线

　　在各个楼层线位置添加装饰线，装饰线突出墙面长度及厚度可视情况而定，如均设为 100mm。但是对于若干个建筑立面图而言，装饰线的尺寸应相互对应，如图 10-11 所示。

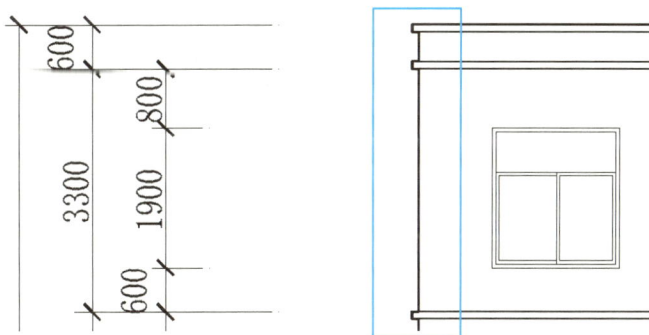

图 10-11　装饰线

2. 绘制曲面墙体

对于曲面墙体，一般在表面上绘制不等间距竖线用以表示曲面，如图 10-12 所示。

10.1.5　添加阳台栏杆

添加阳台栏杆，栏杆高度为 1050mm，如图 10-13 所示。

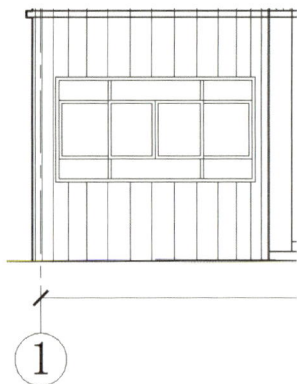

图 10-12　绘制曲面墙体表面线

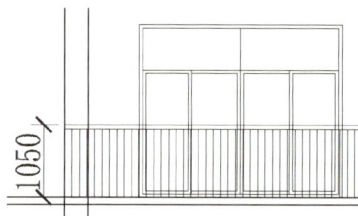

图 10-13　阳台栏杆高度

添加立面图中所有栏杆，如图 10-14 所示。

图 10-14　绘制阳台栏杆

10.1.6　其他标注

1. 尺寸标注

建筑立面图尺寸标注有三道，从内至外依次是门窗细部尺寸、各层层高和建筑总高度。在立面图中添加尺寸标注如图 10-15 所示。

2. 标高

标高三角形高度为 3mm，按照 1：100 的比例绘制为高度为 300mm，如图 10-16 所示。

图 10-15 添加尺寸标注

在中望 CAD 中可以输入一些特殊符号，如"±"可以输入"%%p"，"φ"可以输入"%%c"，"°"可以输入"%%d"等。

在立面图中添加标高符号如图 10-17 所示。

±0.000

图 10-16 标高符号

图 10-17 添加标高符号

3. 图名

图名与一层平面图文字一致即可，字高 1000mm。比例文字字高 700mm，如图 10-18 所示。

$$① - ⑤ \text{立面图} \quad 1:100$$

图 10-18　图名和比例

10.2　使用中望 CAD 建筑版绘制①－⑤轴立面图

用中望 CAD 建筑版抄绘图 10-19 中的立面图。

$$① - ⑤ \text{轴立面图} \quad 1:100$$

图 10-19　①－⑤轴立面图

10.2.1　生成立面

中望 CAD 建筑版在绘制平面图的构件时，就已经定义好墙、柱、门窗、楼梯等构件的高度信息，如果遇到不同楼层的层高，则分别在各自的平面图中定义高度信息。绘制屋顶平面图时，删除相应的内墙，并定义女儿墙高度。最后在软件中使用各个平面图文件建立楼层，系统将各个楼层组建为完整的建筑后，可以利用该建筑生成立面图和剖面图。

1. 建立楼层

打开平面图，点击"文件布图""建楼层框"命令，框选底层平面图，对齐点选择①轴线、Ⓐ的交点，层号 1，层高 3500mm，如图 10-20 所示。同样建立其他楼层。

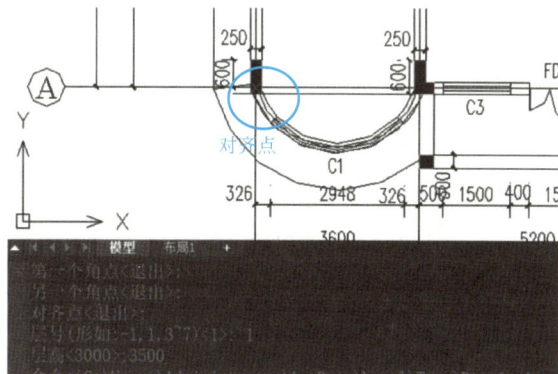

图 10-20　一层楼层建立示例

2. 生成立面

点击"立剖面""建筑立面"命令，选择正立面，弹出"生成立面"对话框，生成立面草图。

10.2.2　修改立面

1. 修改门窗

点击"图块图案""图库管理"命令，从专用图库里选择立面窗、推拉窗，选择合适的窗，双击选择的窗，在出现的图块参数对话框"安装门窗表"设置相关参数，如图10-21 所示。同样的方法选择门，如图 10-22 所示。

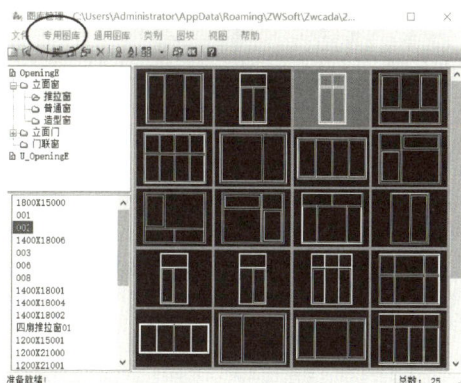

图 10-21　窗图库管理器

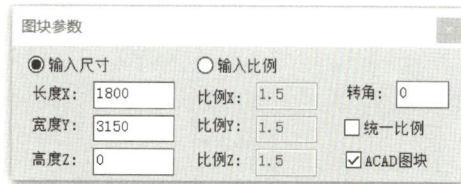

图 10-22　窗图块参数

在立面图草图中添加窗图块，如图 10-23 所示。

图 10-23　修改过门窗的草图

2. 添加栏杆

点击"图块图案""图库管理"命令，在专用图库里选择立面阳台、推拉窗，选择合适的阳台，如图 10-24 所示。

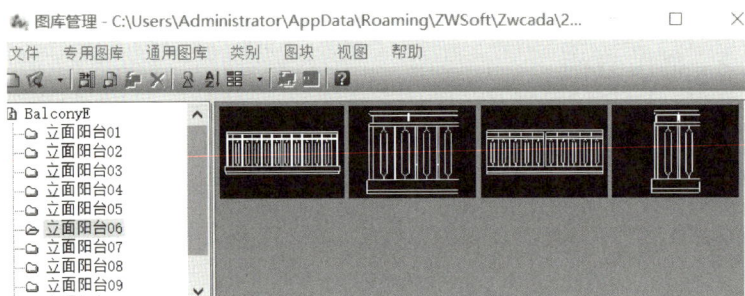

图 10-24　阳台图库管理器

双击选择的立面阳台，在出现的"图块参数"对话框设置相关参数，如图 10-25 所示。

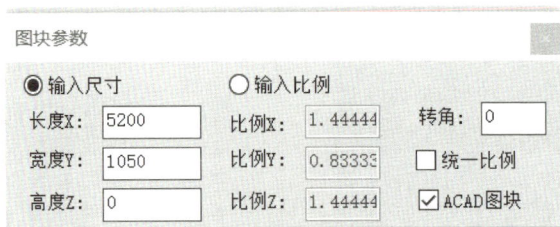

图 10-25　阳台图块参数

在立面图草图中添加阳台栏杆，如图 10-26 所示。

图 10-26　添加过栏杆的草图

3．添加屋顶

中望 CAD 建筑版为提供屋面的立面模型，可将通过偏移，圆弧命令进行绘制，如图 10-27 所示。

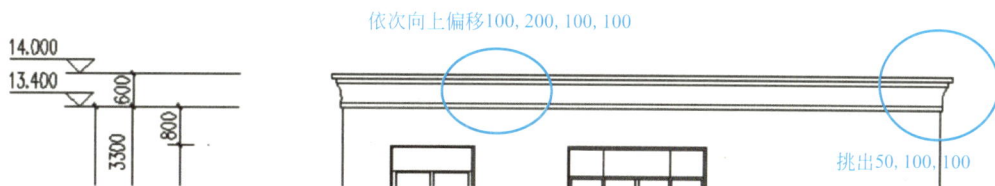

图 10-27　添加屋面示例

4．添加其他装饰构造

依据图 10-19 添加其他结构层的装饰条和装饰柱，尺寸自拟。

10.2.3　添加图名

点击"文字符号""图名标注"命令，添加图名"①-⑤轴立面图"，如图 10-28 所示。

①—⑤轴立面图 1:100

图 10-28 ①—⑤轴立面图示例

📋 习题

抄绘图 10-29 中的立面图。其中相关长度数据如图 9-81 所示中的平面图。

①—⑥轴立面图 1:100

图 10-29

単元 11
剖面图绘制

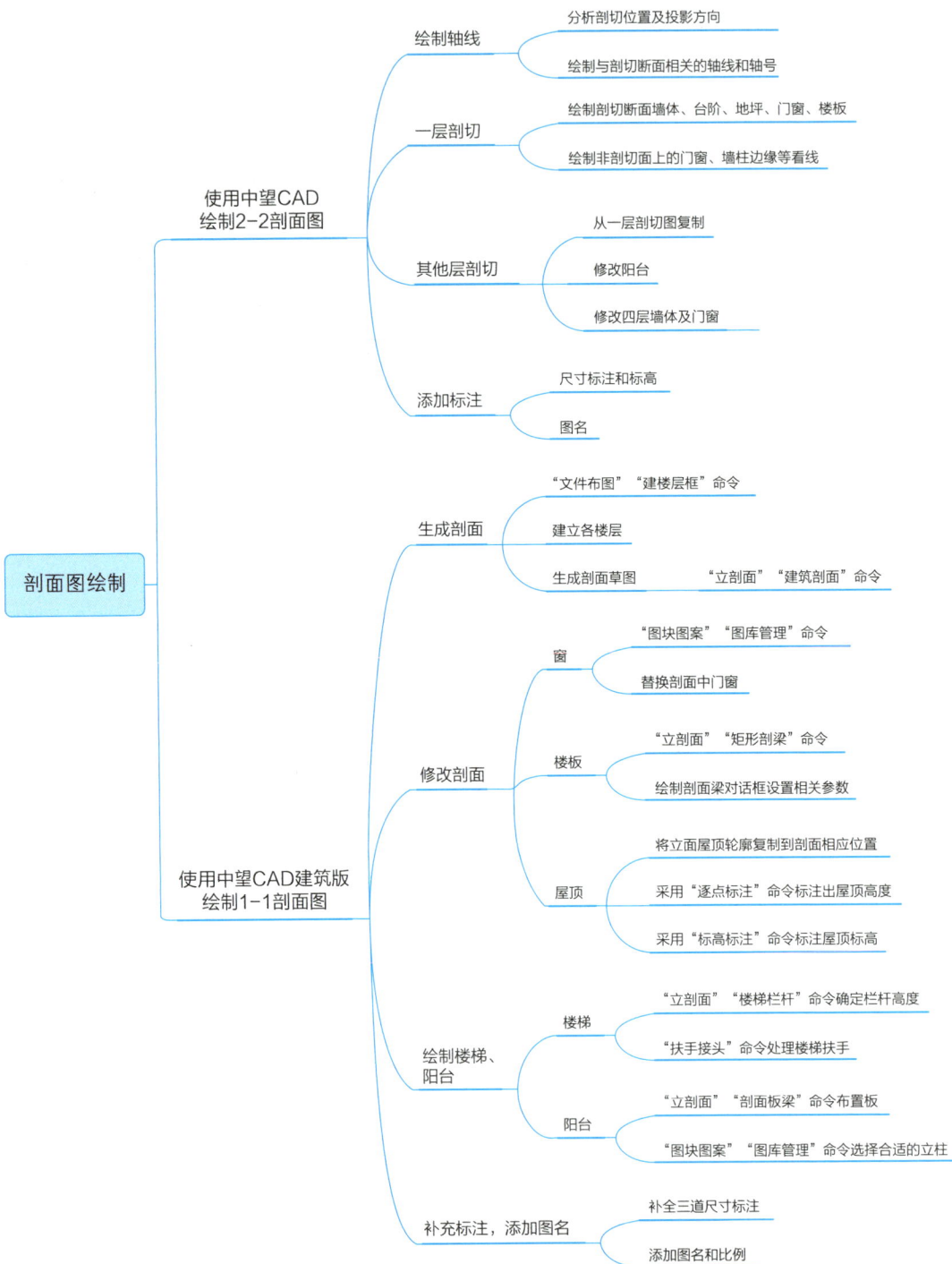

建筑 CAD

剖面图绘制

使用中望CAD绘制2-2剖面图

绘制轴线
- 分析剖切位置及投影方向
- 绘制与剖切断面相关的轴线和轴号

一层剖切
- 绘制剖切断面墙体、台阶、地坪、门窗、楼板
- 绘制非剖切面上的门窗、墙柱边缘等看线

其他层剖切
- 从一层剖切图复制
- 修改阳台
- 修改四层墙体及门窗

添加标注
- 尺寸标注和标高
- 图名

使用中望CAD建筑版绘制1-1剖面图

生成剖面
- "文件布图" "建楼层框" 命令
- 建立各楼层
- 生成剖面草图　　　"立剖面" "建筑剖面" 命令

修改剖面
- 窗
  - "图块图案" "图库管理" 命令
  - 替换剖面中门窗
- 楼板
  - "立剖面" "矩形剖梁" 命令
  - 绘制剖面梁对话框设置相关参数
- 屋顶
  - 将立面屋顶轮廓复制到剖面相应位置
  - 采用"逐点标注"命令标注出屋顶高度
  - 采用"标高标注"命令标注屋顶标高

绘制楼梯、阳台
- 楼梯
  - "立剖面" "楼梯栏杆" 命令确定栏杆高度
  - "扶手接头" 命令处理楼梯扶手
- 阳台
  - "立剖面" "剖面板梁" 命令布置板
  - "图块图案" "图库管理" 命令选择合适的立柱

补充标注，添加图名
- 补全三道尺寸标注
- 添加图名和比例

1. 知识目标：掌握剖面图绘制的步骤和方法。

2. 能力目标：能根据需要设置图层；能根据平面图的剖切位置分析图形绘制剖面图；能对断面进行填充。

3. 思政目标：建筑施工图的绘制是在分析建筑三维形体的基础上进行二维图纸绘制，图纸之间不是孤立的，绘制时要经常考虑平面图、立面图、剖面图甚至是详图之间的对应关系，因此在学习中同学们要有考虑全局的思维能力，不仅是在绘图工作中考虑图纸之间的对照关系，在其他工作中也要考虑不同工作之间的协调关系，全方面锻炼多方位思考问题的能力。

11.1 使用中望 CAD 绘制 2-2 剖面图

使用中望 CAD 绘制平面图中剖切符号为 2-2 位置的剖面图，剖面图如图 11-1 所示。

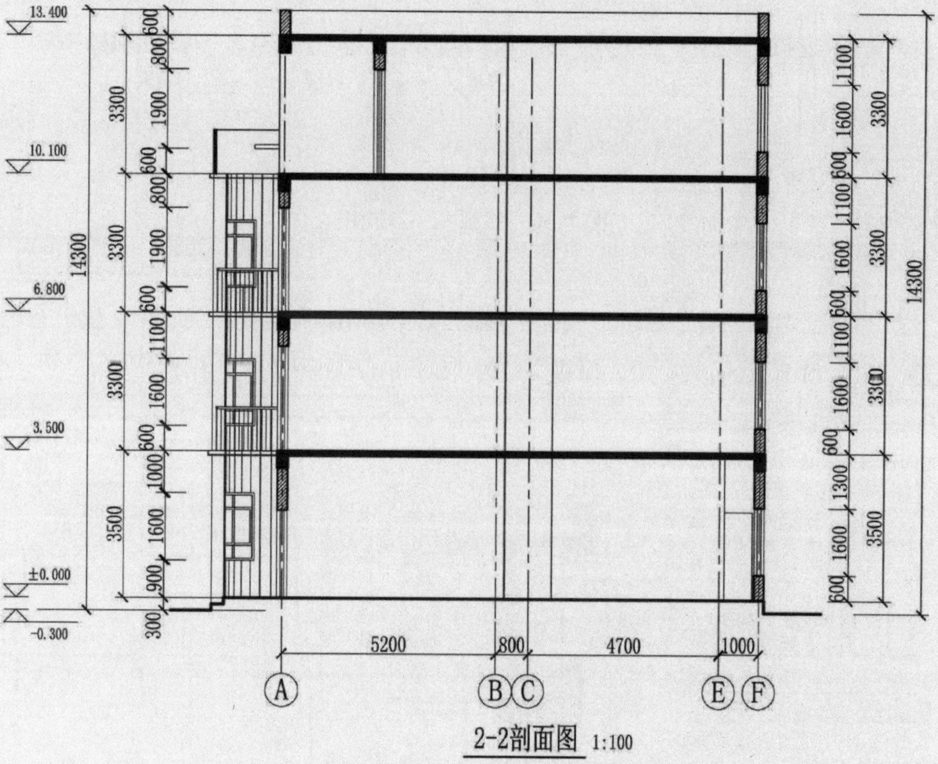

图 11-1   2-2 剖面图

11.1.1 绘制轴线

剖切符号位于③、④轴线之间，向西侧进行正投影，所以在 2-2 剖面图中显示自南向北Ⓐ、Ⓑ、Ⓒ、Ⓔ、Ⓕ轴，因为剖切中不涉及Ⓓ轴墙体，所以在2-2剖面图中暂不显示Ⓓ轴。绘制轴线如图11-2所示。

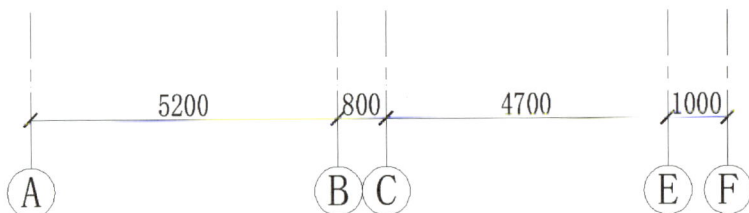

图11-2　绘制2-2剖面图轴线

11.1.2　一层剖切

2-2剖面图剖切到Ⓐ、Ⓕ轴墙体。墙厚250mm，轴线位于墙厚中心线，从Ⓐ、Ⓕ轴向各自两侧偏移125mm，如图11-3所示。

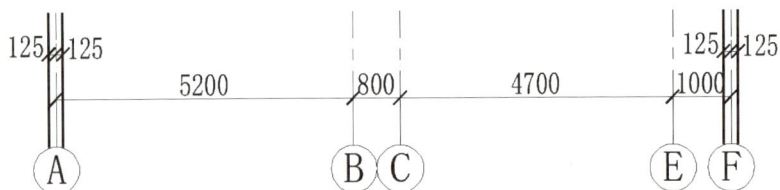

图11-3　绘制Ⓐ、Ⓕ轴墙体

从平面图中可以看到台阶上表面平台宽1300mm，踏面宽300mm，建筑室内外高差为300mm，台阶共2级，每级高度为150mm，如图11-4所示。

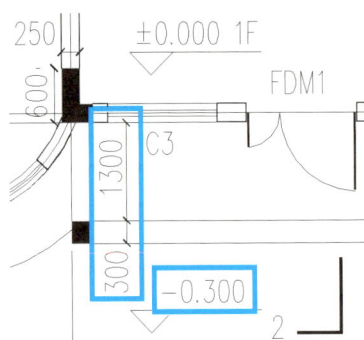

图11-4　平面图中台阶尺寸

在2-2剖面图中在Ⓐ、Ⓕ轴处墙体外表面之间绘制标高为±0.000的地面，在Ⓐ轴墙体外侧绘制宽度为1300mm的平台，连续绘制两级高度为150mm的台阶，踏面宽为300mm，在F轴墙体外侧绘制室外地坪。将以上绘制的所有地坪线设为特粗实线，并修剪多余的墙线，如图11-5所示。

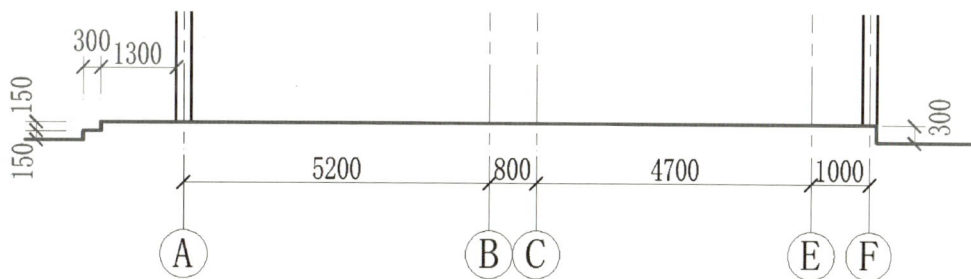

图 11-5　绘制地坪线

A轴上FDM1门高度2100mm，F轴上窗C3高度为1600mm，窗台高600mm，如图11-6所示。

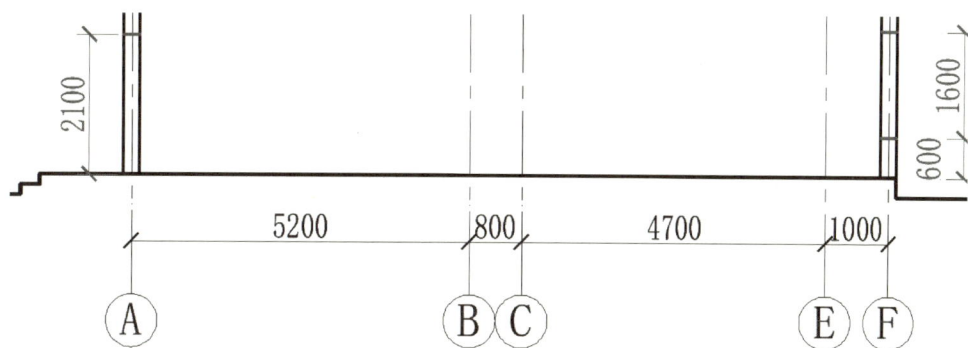

图 11-6　A、F轴门窗高度

将绘制出的门窗内墙线修剪掉，在"门窗"图层上绘制四条细线将墙厚三等分，作为门窗图例，如图11-7所示。

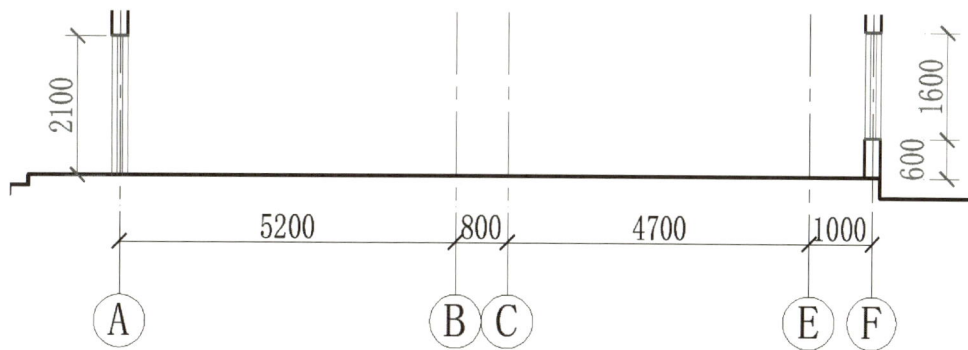

图 11-7　绘制门窗图例

单元 11　剖面图绘制

在 2-2 位置剖切向西进行投影时，可以看到未被剖切到的墙角线投影，如图 11-8
所示。

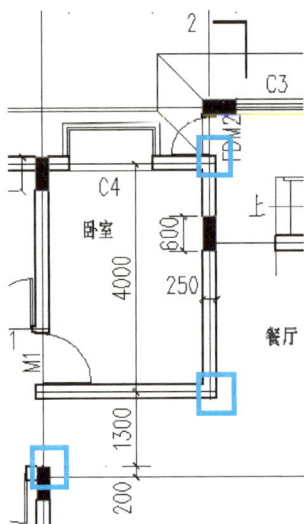

图 11-8　平面图中的墙角线位置

在 2-2 剖面图中向Ⓑ轴北侧偏移 200mm，向Ⓔ轴北侧偏移 125mm，并从Ⓑ轴偏
移出的墙角线向北侧偏移 1175mm（1300-125=1175），以上三条线作为墙角投影线。
从地坪线修剪多余的墙角投影线，如图 11-9 所示。

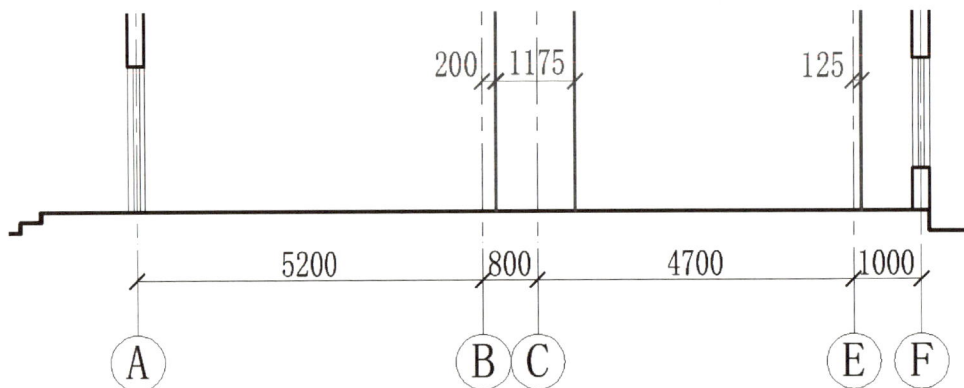

图 11-9　绘制剖面图的墙角投影线

在 2-2 剖面图向西侧投影时可以看到③轴上的防盗门 FDM2，门洞宽 700mm、
高 2100mm，如图 11-10 所示。

在 2-2 剖面图中Ⓔ、Ⓕ轴之间绘制 FDM2 门洞投影线，门洞尺寸 700mm×
2100mm，门洞左侧与Ⓔ轴处墙角投影线重合，如图 11-11 所示。

　　　•　　　•　　　　　　　　　　　　　　　　　　　　　　　建筑 CAD

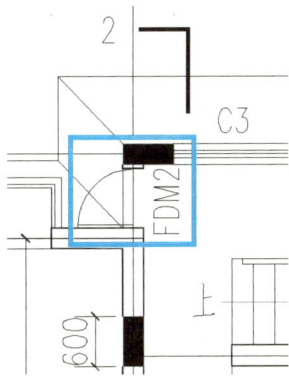

图 11-10 一层平面图中的 FDM2 门位置

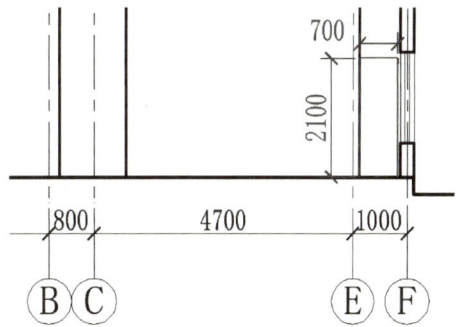

图 11-11 2-2 剖面图中绘制 FDM2 门

2-2 剖面图向西侧投影时可以看到弧形墙及窗 C1 的投影线，该投影线距Ⓐ轴 1399mm，并且可以看到台阶边缘柱子的两条投影线，如图 11-12 所示，以上投影线均应绘制到 2-2 剖面图中。

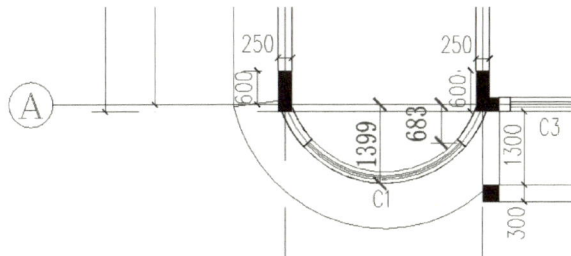

图 11-12 弧形墙和台阶柱子的投影线位置

按照图 11-13（a）绘制台阶柱、弧形墙和弧形窗的辅助线，再按照图 11-13（b）进行修剪。

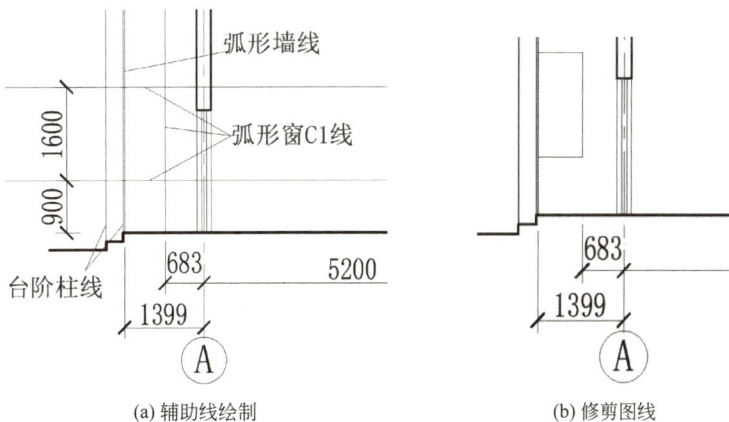

(a) 辅助线绘制

(b) 修剪图线

图 11-13 弧形墙、窗和台阶柱线绘制

一层层高 3500mm，从标高为 ±0.000 的一层地坪向上偏移出标高为 3.500m 的二层楼面线，再从该线向下偏移出 100mm 的板厚，并在适当位置绘制 400mm× 250mm 的矩形作为梁截面。楼板和梁均用实体填充，如图 11-14 所示。

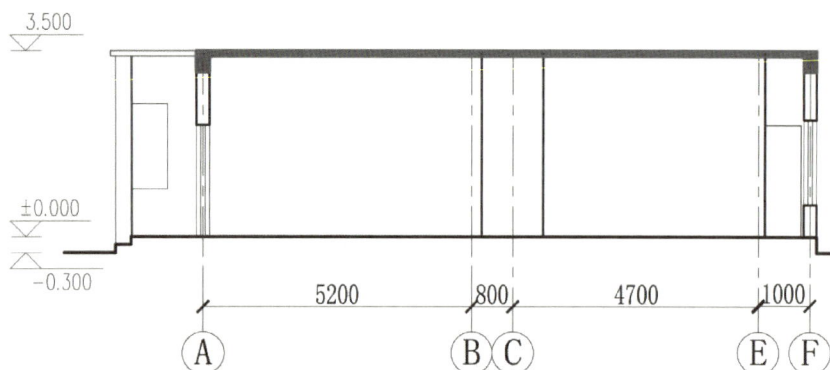

图 11-14　绘制标高 3.500m 处楼板及梁

在Ⓐ轴南侧的弧形墙上填充不等距直线，以表达墙体的弧线形状。绘制弧形窗细部线。将剖切到的Ⓐ轴等墙体填充砖墙图例，如图 11-15 所示。

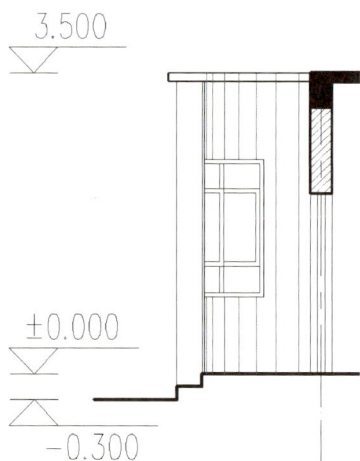

图 11-15　添加弧形墙细部线及砖墙图例

11.1.3　二层剖切

将标高为 3.500m 处楼板及梁向上复制 3300mm，如图 11-16 所示。

在二层之间添加被剖切到的Ⓐ、Ⓕ轴墙体，以及其余可见投影线，如图 11-17 所示。

添加Ⓐ、Ⓕ轴墙体上的门窗，添加弧形墙上的弧形窗。在Ⓐ、Ⓕ轴墙体内填充砖墙图例，如图 11-18 所示。

在阳台柱中间及该柱与Ⓐ轴之间添加栏杆，高度为 1050mm，如图 11-19 所示。

图 11-16　复制出标高 6.800m 处楼板及梁

图 11-17　绘制二层墙线

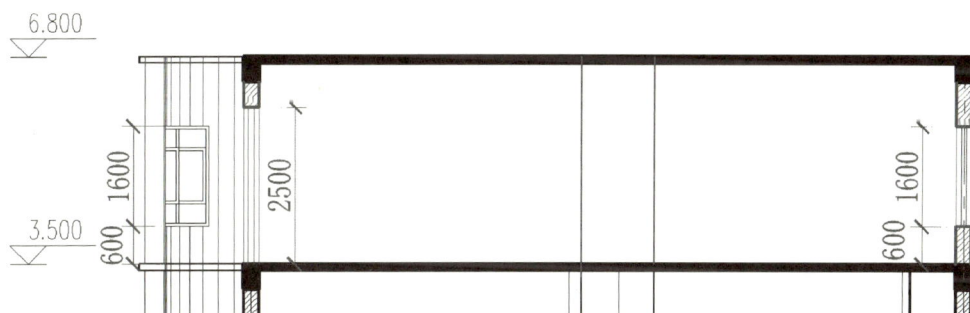

图 11-18　绘制门窗

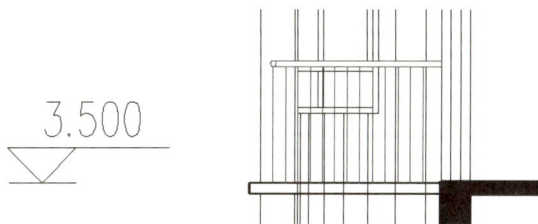

图 11-19　绘制阳台栏杆

11.1.4 三层剖切

三层布局与二层相同，将二层从标高 6.800m 向上复制 3300mm，即得到三层剖切，如图 11-20 所示。

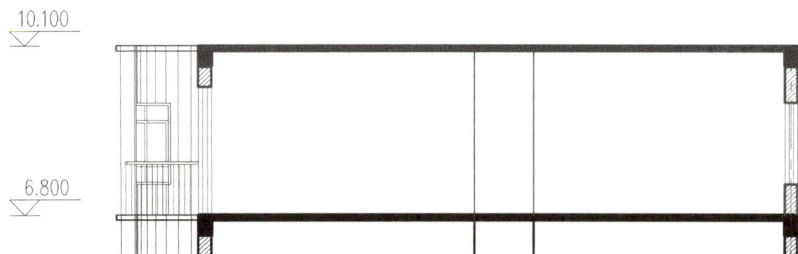

图 11-20　复制出三层剖切

11.1.5 四层剖切

将三层楼板向上复制 3300mm 作为屋面板，在Ⓐ、Ⓕ轴之间添加四层墙线，注意四层平面图中墙体布局有变化，如图 11-21 所示。

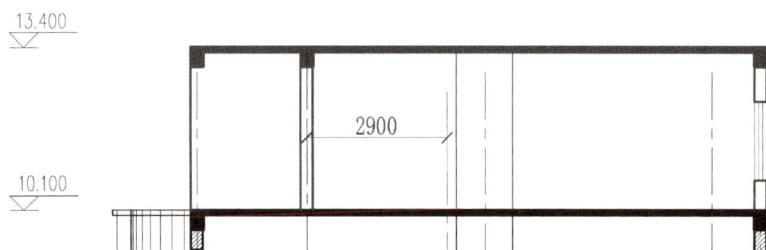

图 11-21　复制出屋面板并绘制墙线

在四层中添加推拉门 2500mm 高，添加Ⓐ轴外侧飘窗窗台板，添加阳台栏杆，高 1050mm，如图 11-22 所示。

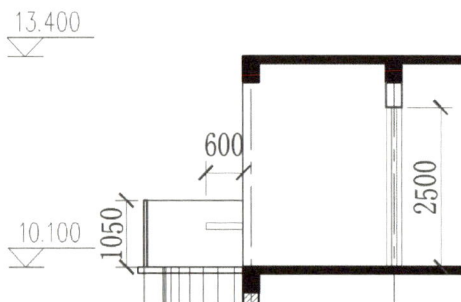

图 11-22　添加推拉门、窗台板及阳台栏杆

建筑 CAD

在屋面板上方绘制女儿墙，高度为 600mm，如图 11-23 所示。

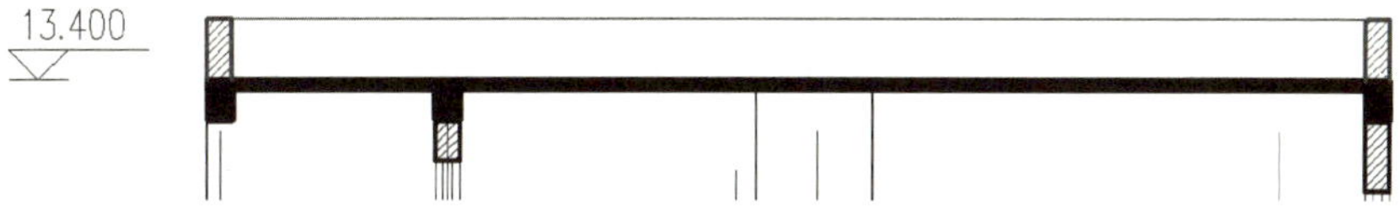

图 11-23　绘制女儿墙

11.1.6　添加标注

1. 尺寸标注和标高

剖面图中沿高度标注三道尺寸，从内向外依次为：门窗细部尺寸、层高和建筑总高度。在各个楼层高度处标注楼面标高，如图 11-24 所示。

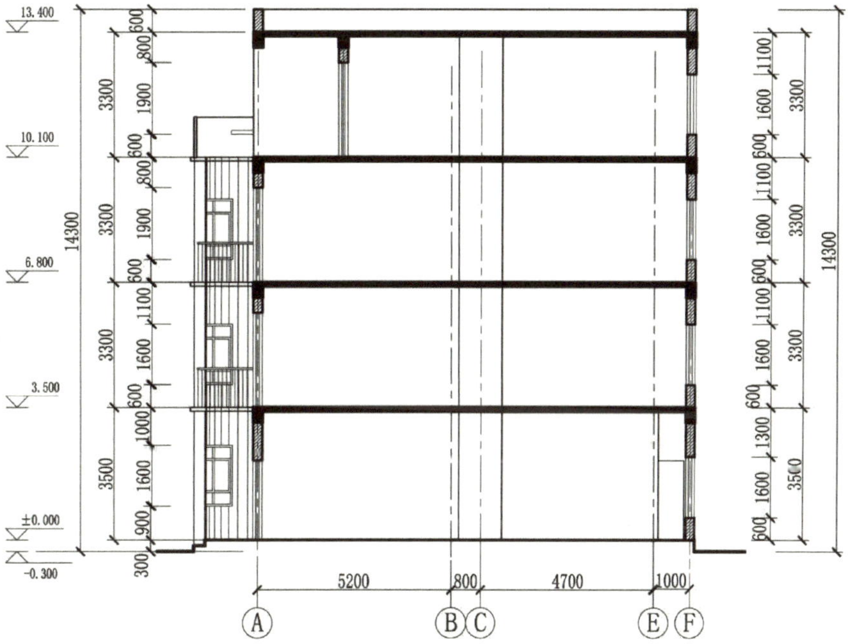

图 11-24　添加尺寸标注和标高

2. 图名

图名编号与剖切符号一致，图名字高 1000mm。比例文字字高 700mm，如图 11-25 所示。

2-2剖面图 1:100

图 11-25　图名和比例

11.2　使用中望 CAD 建筑版绘制 1-1 剖面图

使用中望 CAD 建筑版抄绘图 11-26 中的 1-1 剖面图。

图 11-26　1-1 剖面图

11.2.1　生成剖面

1. 建立楼层

打开平面图，点击"文件布图""建楼层框"命令，框选底层平面图，对齐点选择轴线、交点，层号 1，层高 3500mm，如图 11-27 所示。同样建立其他楼层。

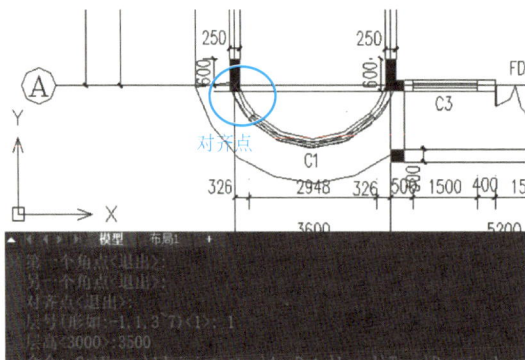

图 11-27　一层楼层建立示例

2．生成剖面草图

点击"立剖面""建筑剖面"命令，选择 1-1 剖切线，如图 11-28 所示。

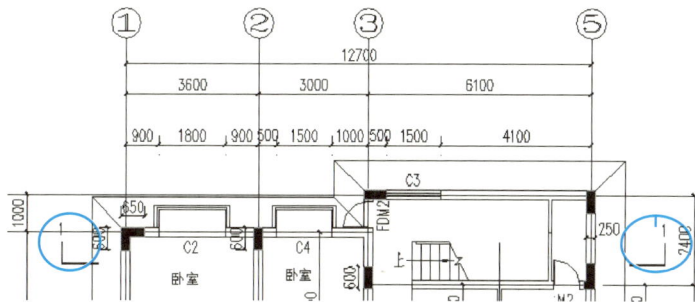

图 11-28　选择剖切符号示例

弹出"生成剖面"对话框，从而生成剖面草图，如图 11-29 所示。

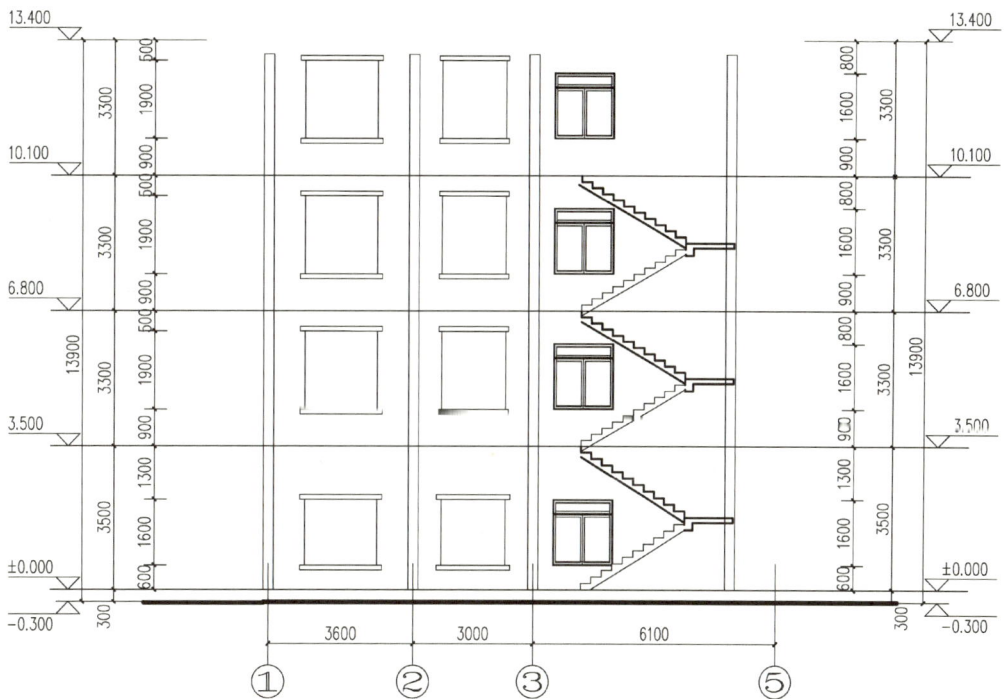

图 11-29　1-1 剖面草图示例

11.2.2　修改剖面

1．修改窗

点击"图块图案""图库管理"命令，替换剖面中门窗，门窗尺寸见表 9-2 门窗表，替换结果如图 11-30 所示。

图 11-30　替换门窗示例

2. 绘制楼板

点击"立剖面""矩形剖梁"命令，在弹出的"绘制剖面梁"对话框设置相关参数，如图 11-31 所示。

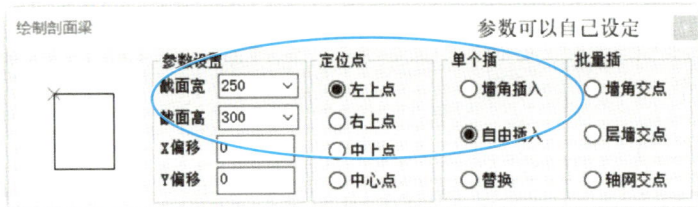

图 11-31　设置剖面梁

将地坪线向下偏移 100mm，并进行填充。删除多余线条，如图 11-32 所示。

3. 绘制屋顶

将立面屋顶轮廓复制到剖面相应位置，采用镜像命令镜像到另一侧，并填充。采用"逐点标注"命令标注出屋顶高度，采用"标高标注"命令标注屋顶标高，如图 11-33 所示。

图 11-32 剖切梁板示例

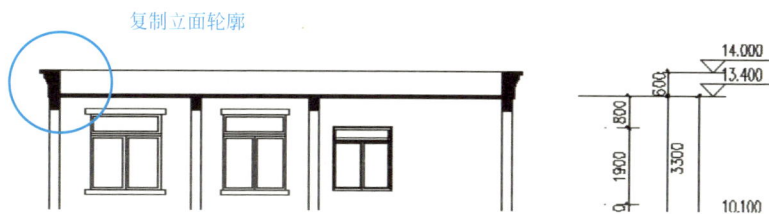

复制立面轮廓

图 11-33 屋面示例

11.2.3 绘制楼梯、阳台

1. 绘制楼梯

在生成剖面中，已经自动生成踏步板和平台板，连接梯板与楼层平台断开处，对照平面图将剖切部分填充。点击"立剖面""楼梯栏杆"命令，在命令栏输入 H，确定栏杆高度为 900mm，输入 Q，框选剖面楼梯，点击"扶手接头"命令处理楼梯扶手，如图 11-34 所示。

2. 绘制阳台

点击"立剖面""剖面板梁"，选择楼梯梁，如图 11-35 所示，将板布置在相应位置，长度为 1100mm，进行填充。点击"图块图案""图库管理"命令，选择合适的立柱。阳台示例如图 11-36 所示。

图 11-34　楼梯示例

图 11-35　剖面楼梯板参数

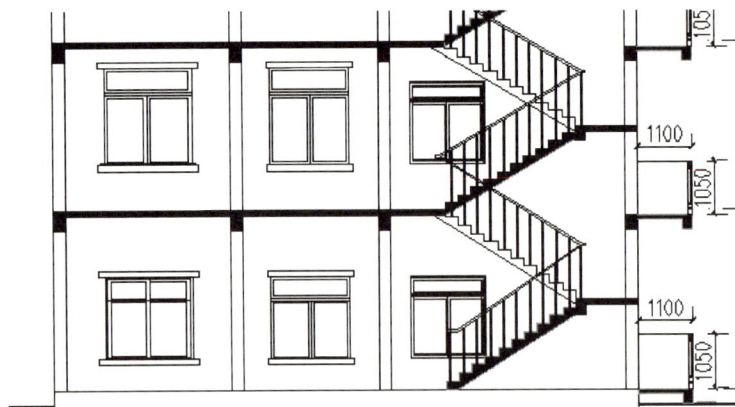

图 11-36　阳台示例

11.2.4　补充标注，添加图名

在剖面图中补全三道尺寸标注，分别为门窗细部高度、层高和建筑总高度。添加图名和比例。结果如图 11-37 所示。

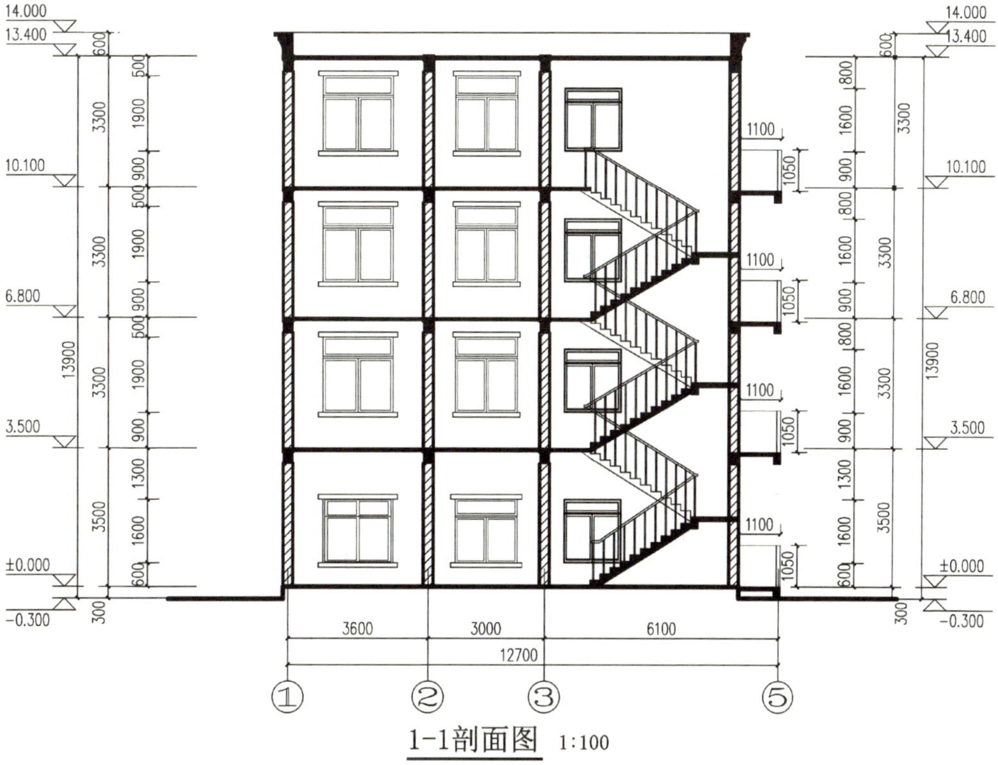

1-1剖面图　1:100

图 11-37　1-1 剖面图示例

抄绘图 11-38 中的剖面图。其未标注的尺寸参考图 9-81 中的平面图和图 10-29 中的立面图。

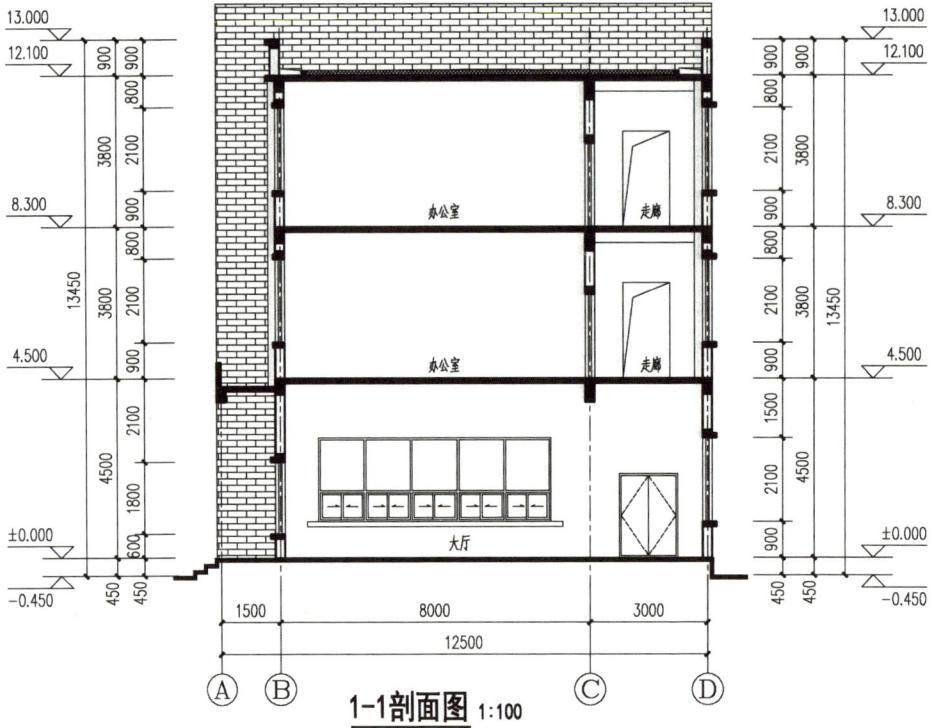

1-1剖面图 1:100

图 11-38

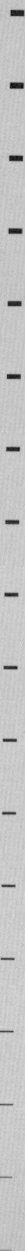

单元 12
楼梯详图绘制

楼梯详图绘制
- 楼梯平面图绘制
  - 绘制轴线
    - "直线"命令绘制两条交叉直线
    - "偏移"命令生成其余直线
  - 绘制墙线及窗
    - "偏移"命令从轴线偏移出墙体
    - "直线"命令完成窗的绘制
  - 绘制柱
    - "矩形"命令绘制柱子外边线
    - "填充"命令将柱内部进行填充
  - 绘制踏步线
    - "偏移"命令生成踏步线
    - "阵列"命令生成踏步线
  - 绘制栏杆扶手
    - 进行楼梯井定位
    - "偏移"命令生成扶手
  - 绘制楼梯上下示意箭头
    - "多段线"命令绘制上下楼梯的指示箭头
    - 注写文字"上""下"
    - 绘制楼梯折断线
  - 尺寸标注
- 楼梯剖面图绘制
  - 绘制第一级踏步及栏杆
    - 绘制第一级踏步
    - 剖面图的踏步与平面图对齐
    - 绘制扶手栏杆
  - 绘制其余踏步及栏杆
    - "复制"命令复制出其余踏步及栏杆
    - "偏移"命令复制出扶手上方的斜线
  - 绘制第二段楼梯
    - 使用"镜像"命令生成梯段
    - "修剪"命令进行整理
  - 绘制扶手
    - 完成扶手水平段绘制
  - 绘制梯段板
    - "偏移"命令绘制楼梯板厚
    - 剖切到的踏步和平台梁板的部分进行材料填充
  - 尺寸标注

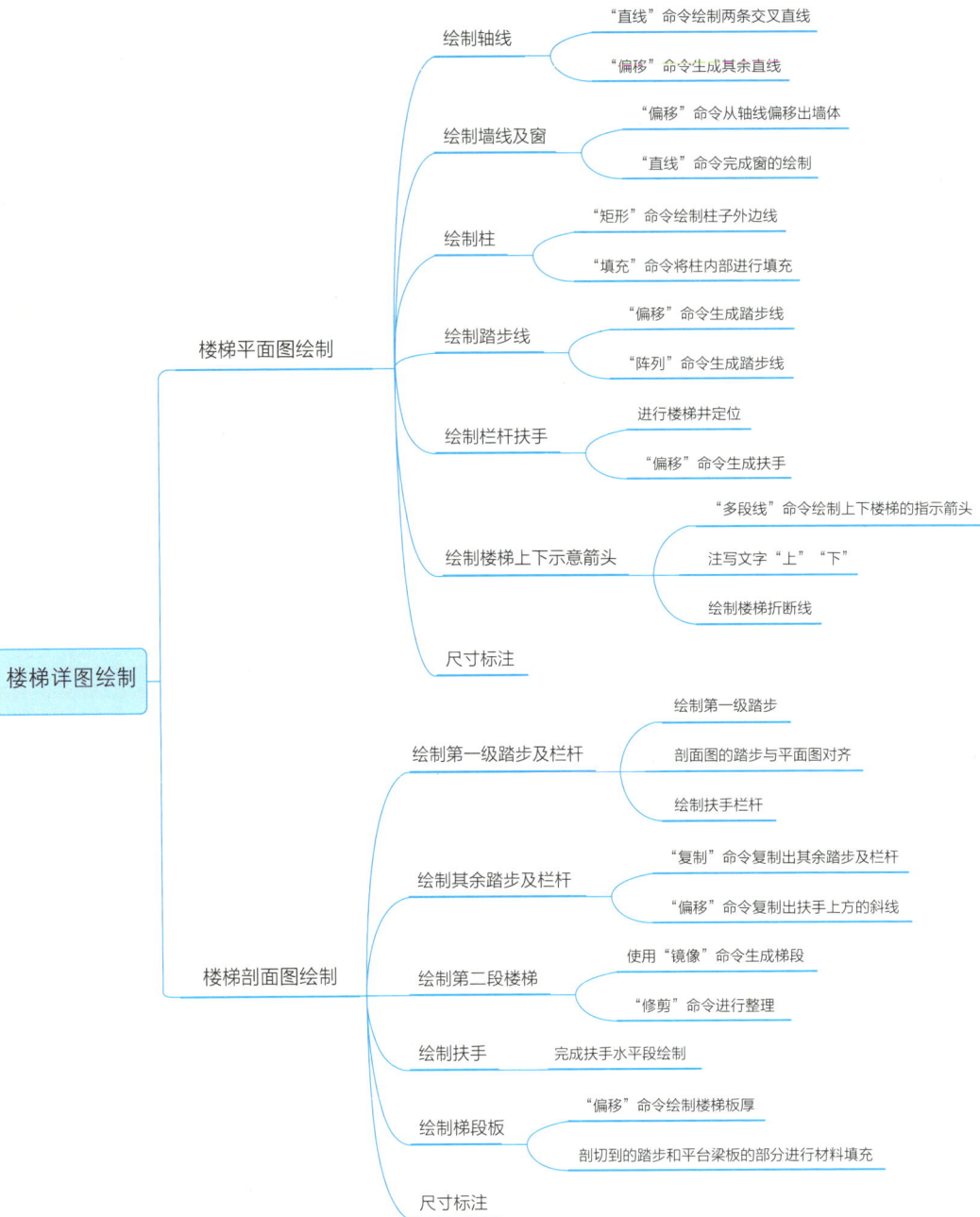

1. 知识目标：掌握绘图命令、修改命令及尺寸标注的综合应用。

2. 能力目标：能够熟练绘制常见楼梯的建筑图；能够正确识读楼梯平面图、剖面图。

3. 思政目标：通过学习图纸的综合绘制，了解建筑工程施工图的综合性和相关性，同学们在面对综合性强、难度大的工作时应逐渐培养吃苦耐劳的精神，在团队工作中能够勇于承担责任，在国家、社会、公民各个层面上具有正确的价值观。

12.1 楼梯平面图绘制

抄绘图 12-1 中的楼梯平面图。

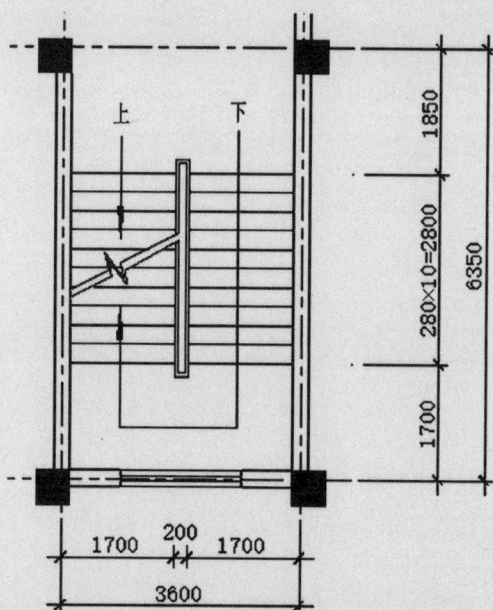

图 12-1　楼梯平面图

把楼梯平面图进行分解，分为轴线、墙体、门窗、楼梯段、标注、文字等图层，如图 12-2 所示。

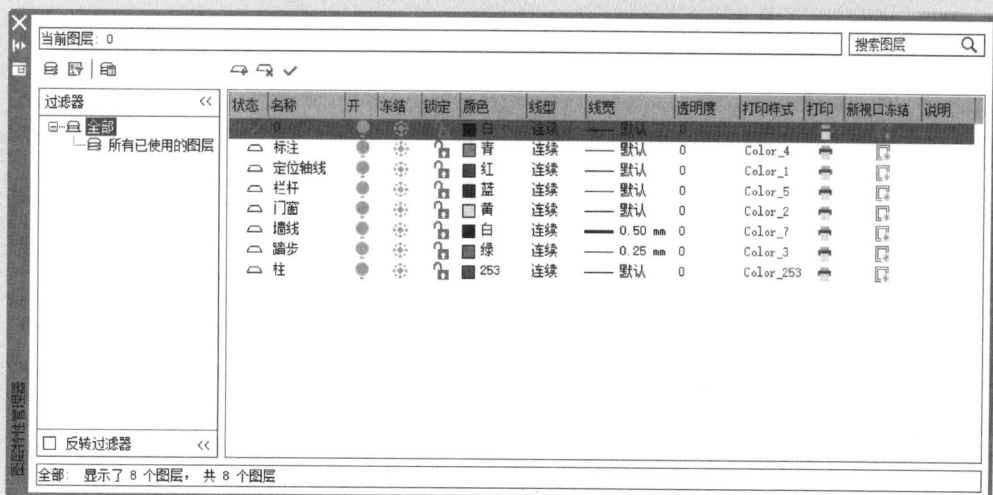

图 12-2　设置楼梯平面图图层

1. 绘制轴线

将"轴线"图层置为当前图层，使用"直线"命令，在正交状态下，在绘图区域按照图纸尺寸绘制两条交叉直线，分别表示为①轴轴线和Ⓓ轴轴线，利用"偏移"命令得到②轴轴线和Ⓒ轴轴线，绘制后图形如图 12-3 所示。

2. 绘制墙线及窗

用"偏移"命令从轴线偏移出墙体，并进行修剪；选中偏移后的墙体线置为"墙线"图层；将"门窗"图层置为当前，使用"直线"命令完成窗的绘制，绘制后图形如图 12-4 所示。

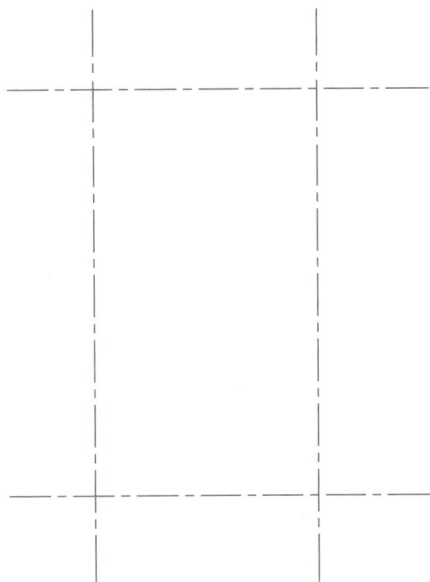

图 12-3　绘制轴线　　　　　　　图 12-4　绘制墙线

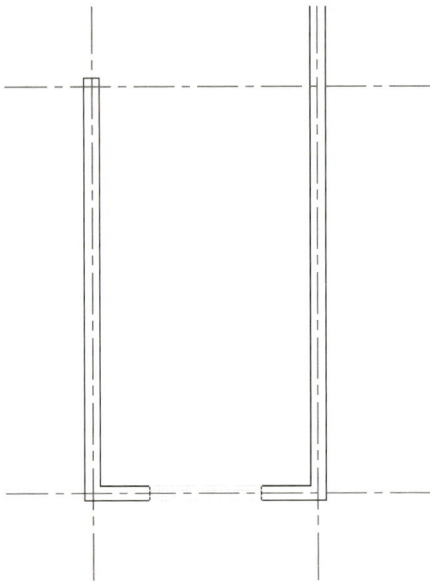

3. 绘制柱

将"柱"图层置为当前图层，用"矩形"命令绘制柱子外边线，使用"填充"命令将柱内部进行填充，绘制后图形如图 12-5 所示。

4. 绘制踏步线

方法一：用"偏移"命令将下方轴线向上偏移 1700mm，对两段进行修剪，得到平台边线，选中偏移后的平台边线置为"踏步"图层；再连续偏移 280mm 完成楼梯踏步线绘制。

方法二：用"偏移"命令将下方轴线向上偏移 1700mm，对两段进行修剪，得到平台边线，选中偏移后的平台边线置为"踏步"图层；使用"阵列"命令快速准确复制出其他踏步线。

方法如下：选择阵列对象，选取第一条踏步线，单击"修改"菜单栏中"阵列"命令，或者命令栏里输入 ARRAY，启动"阵列"命令后，选择"矩形阵列"行数输入 1，列数输入 10，行偏移中输入 280，确认，命令结束。绘制后图形如图 12-6 所示。

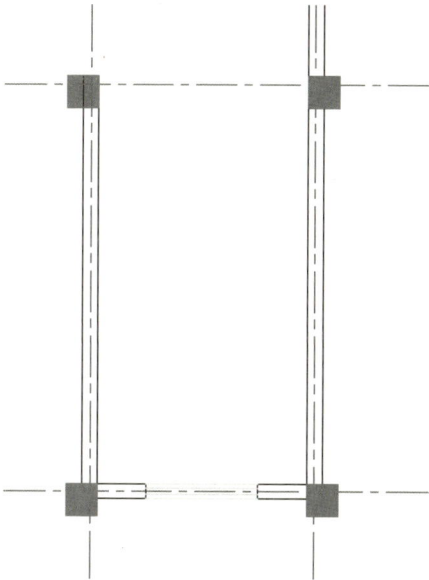

图 12-5　绘制柱

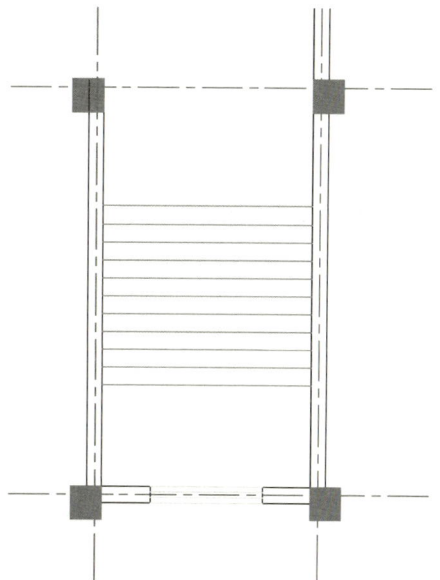

图 12-6　绘制踏步

5. 绘制栏杆扶手

用偏移命令根据图中尺寸位置，进行楼梯井定位，将偏移后的图线移至"栏杆"图层使用"修剪"命令，删除中间楼梯井处多余线段，再使用偏移命令，绘制后图形如图 12-7 所示。

6. 绘制楼梯上下示意箭头

将"标注"图层置为当前，使用"多段线"命令绘制上下楼梯的指示箭头；并注写文字"上""下"，在楼层 1/3 附近绘制楼梯折断线，并复制出 2 根，修剪两根折断线间的楼梯踏步线和扶手线。绘制后图形如图 12-8 所示。

7. 尺寸标注

在"标注"中，使用"线性标注""连续标注"命令对绘制好的图形进行尺寸标注。绘制后图形如图 12-9 所示。

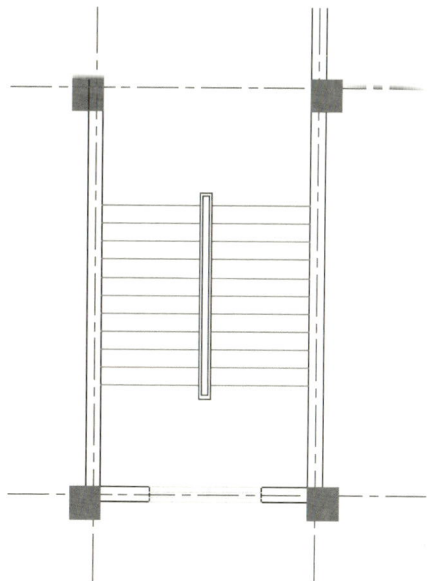

图 12-7　绘制扶手

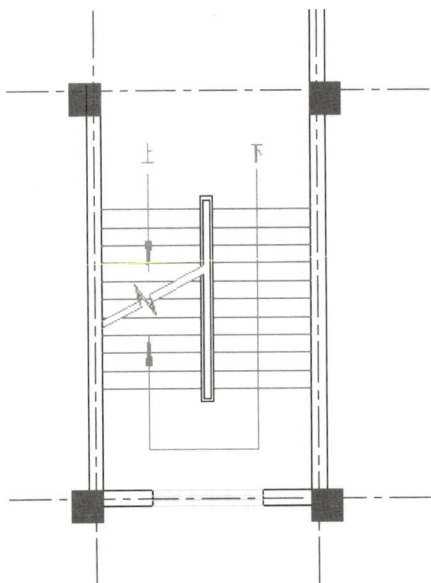

图 12-8　上下楼梯指示

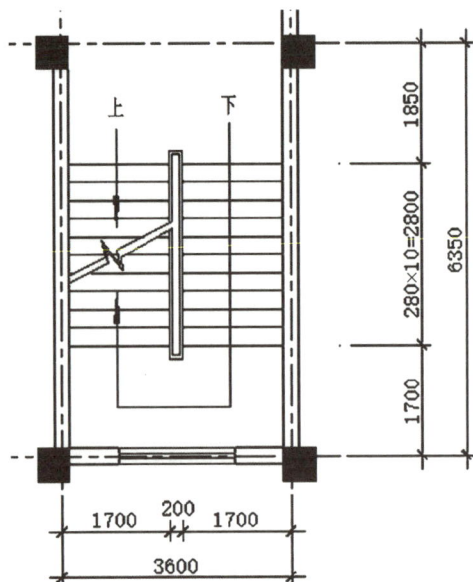

图 12-9　完成尺寸标注

12.2　楼梯剖面图绘制

抄绘图 12-10 中的楼梯剖面图。

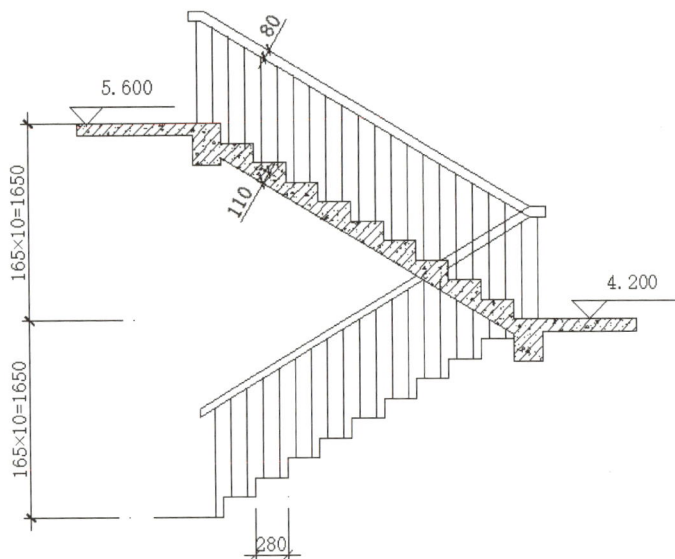

图 12-10　楼梯剖面图

1. 绘制第一级踏步及栏杆

切换至踏步图层，绘制第一级踏步。使用"直线"命令，绘制楼梯踏步；切换至栏杆图层，绘制扶手栏杆。使用直线、偏移命令，绘制扶手栏杆。绘制后图形如图 12-11 所示。

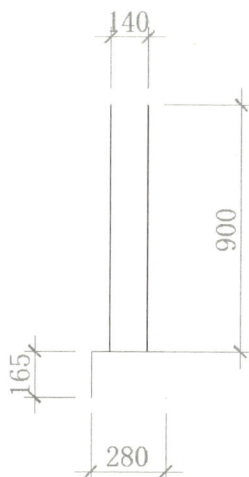

图 12-11　绘制第一段楼梯

2. 绘制其余踏步及栏杆

使用"复制"命令复制出其余踏步及栏杆。沿踏步下侧画出斜线，用"偏移"命令，使用偏移命令中的通过选项"T"，捕捉左侧栏杆线的上端点，复制出上方的斜线。在使用偏移命令向下偏移出间距为 80mm 的斜线。绘制后图形如图 12-12 所示。

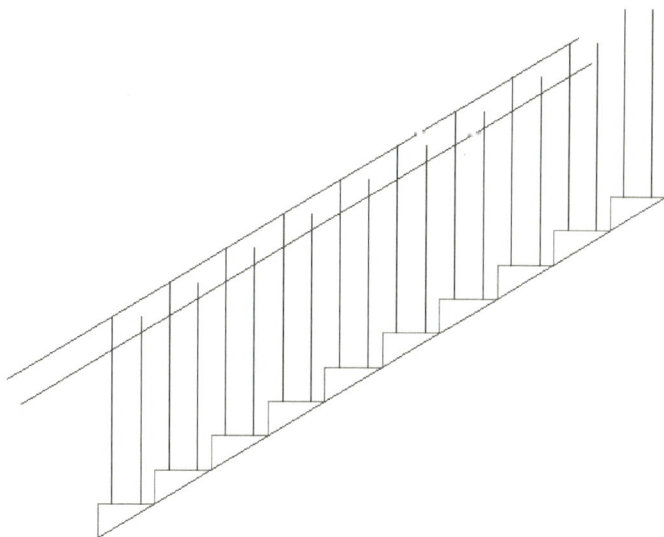

图 12-12　绘制踏步及栏杆扶手

3. 绘制第二段楼梯

使用"修剪"命令，以扶手为边界，减去竖线长出部分。再使用"镜像"命令，选择所有对象，在适当位置竖直拾取两点为镜像轴，对原图形进行镜像复制。绘制后图形如图 12-13 所示。

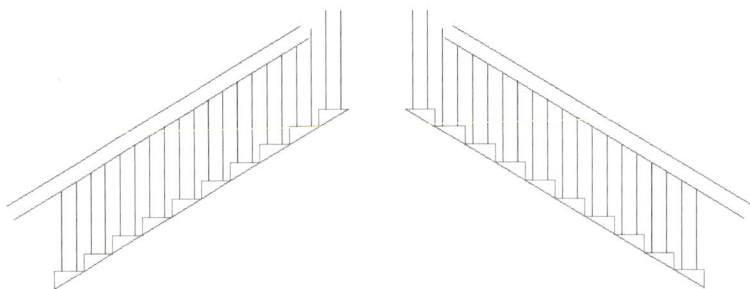

图 12-13　绘制第二段楼梯

4. 绘制扶手

使用"移动"命令将镜像的图形移动到原来图形的上方。再使用"修剪""延伸""直线"命令完成扶手水平段绘制。绘制后图形如图 12-14 所示。

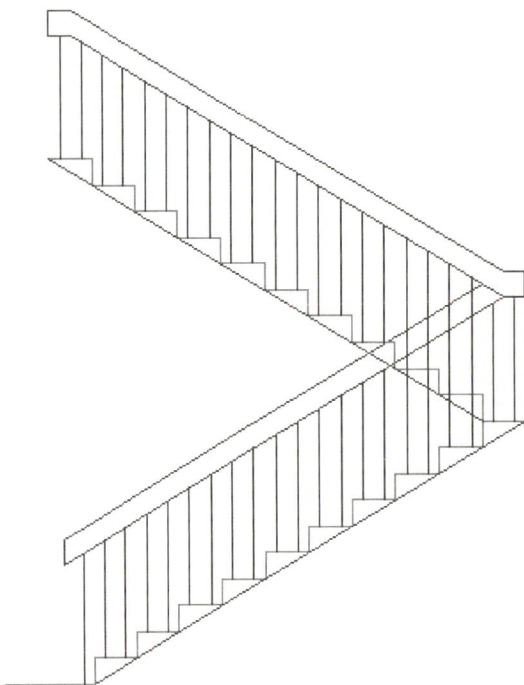

图 12-14　栏杆扶手绘制

5. 绘制梯段板

使用"偏移"命令绘制楼梯板厚 110mm，删除原有斜线。绘制平台梁截面尺寸 350mm×250mm，平台板、楼板厚 100mm。修剪多余的线段后，将剖切到的踏步和平台梁板的部分进行材料填充。绘制后图形如图 12-15 所示。

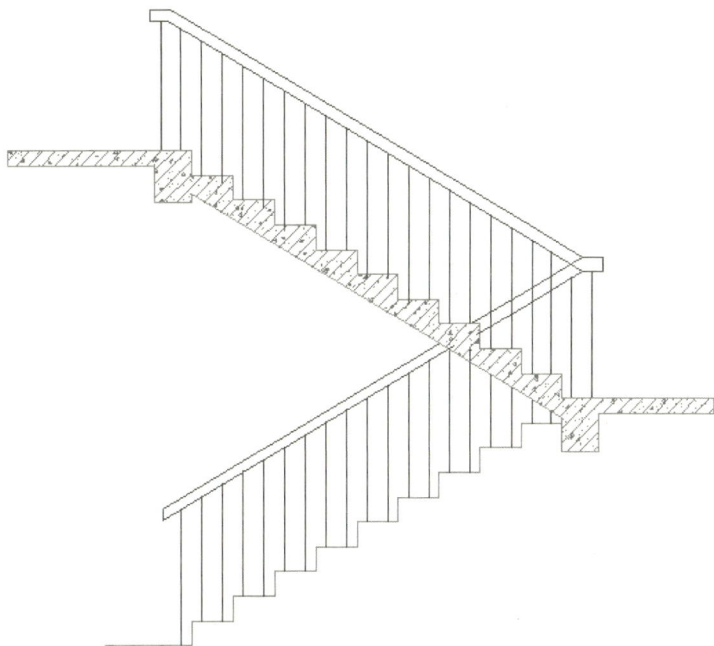

图 12-15　梁板绘制

6. 尺寸标注

完成图形中的尺寸及标高标注。绘制后图形如图 12-16 所示。

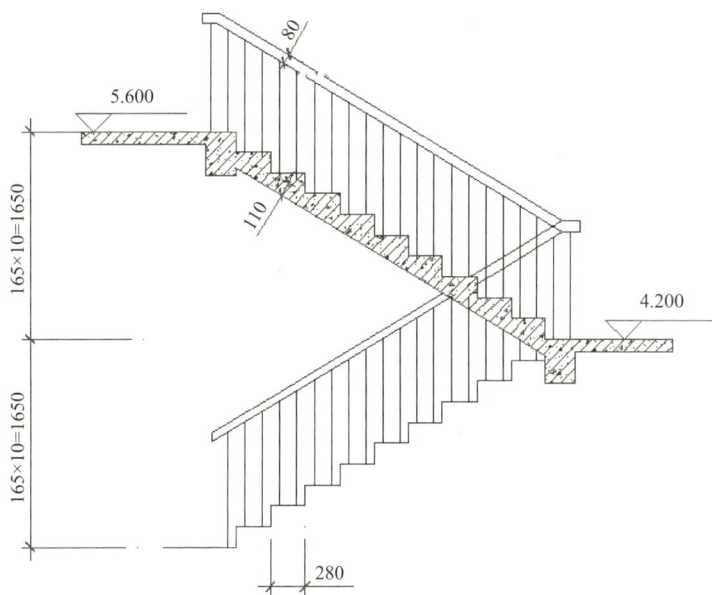

图 12-16　完成尺寸标注

抄绘图 12-17 中的楼梯平面图和图 12-18 中的楼梯剖面图。

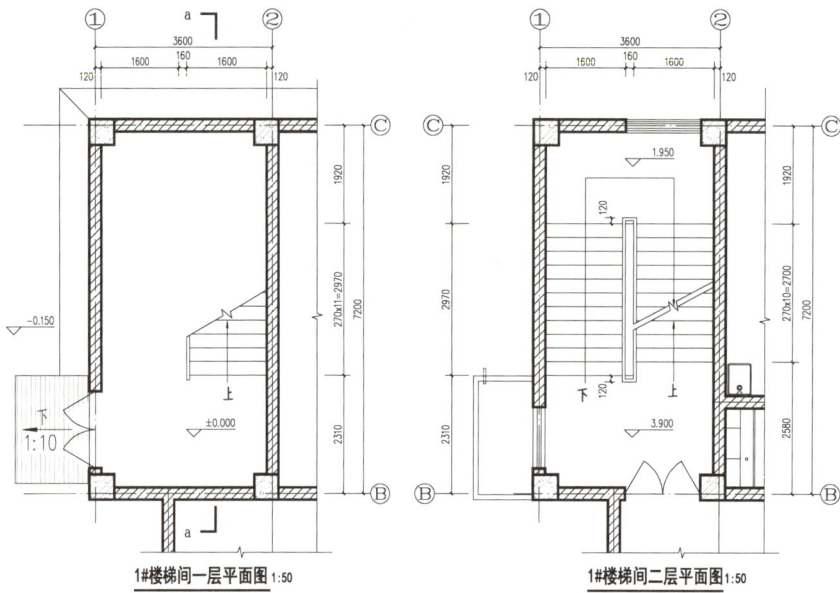

图 12-17　楼梯平面图

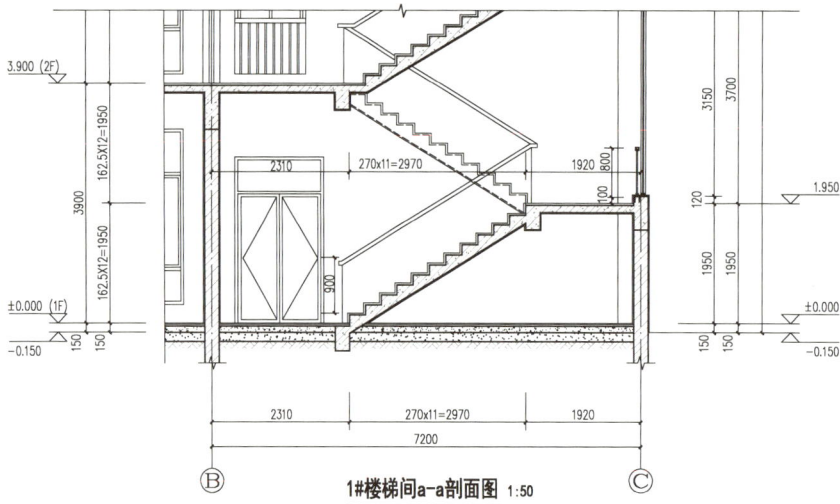

图 12-18　楼梯剖面图

中望 CAD 常用快捷键命令

快捷键	命令	含义
CTRL+1	PROPCLOSEOROPEN	对象特性管理器
CTRL+2	ADCENTER	设计中心
CTRL+3	CTOOLPALETTES	工具选项板
CTRL+8	QC QUICKCALC	快速计算器
CTRL+A	AI_SELALL	全部选择
CTRL+C	COPY	复制
CTRL+D	COORDINATE	坐标
CTRL+N	NEW	新建
CTRL+O	OPEN	打开
CTRL+P	PRINT	打印
CTRL+Q	EXIT	退出
CTRL+S	SAVE	保存
CTRL+V	PASTECLIP	粘贴
CTRL+X	CUTCLIP	剪切
CTRL+Y	REDO	重做
CTRL+Z	U	放弃
CTRL+SHIFT+S	SAVEAS	另存为
F1	HELP	帮助
F2	PMTHIST	文本窗口
F3	OSNAP	对象捕捉
F7	GRLD	栅格
F8	ORTHO	正交
F9	SNAP	捕捉
F10	ZWSNAP	极轴
F11	TRACKING	对象捕捉追踪
A	ARC	圆弧
B	BLOCK	创建块
C	CIRCLE	圆
D	DIMSTYLE	标注样式管理器

快捷键	命令	含义
E	ERASE	删除
F	FILLET	圆角
H	HATCH	填充
I	INSERT	插入图块
L	LINE	直线
M	MOVE	移动
O	OFFSET	偏移
P	PAN	实时平移
S	STRETCH	拉伸
W	WBLOCK	写块
X	EXPLODE	分解
Z	ZOOM	窗口缩放
AR	ARRAY	阵列
BO	BOUNDARY	边界
BR	BREAK	打断
DI	DIST	测量距离
DV	DVIEW	命名视图
EL	ELLIPSE	椭圆
EX	EXTEND	延伸
LA	LAYER	图层管理器
LW	LWEIGHT	线宽设置
LT	LINETYPE	线型管理器
MA	MATCHPROP	特性匹配
ME	MEASURE	定距等分
MI	MIRROR	镜像
MT	MTEXT	多行文字
OP	OPTIONS	选项
PE	PEDIT	编辑多段线
PL	PLINE	多段线
PU	PURGE	清理
RE	REGEN	重生成
RO	ROTATE	旋转
SC	SCALE	比例缩放

快捷键	命令	含义
ST	STYLE	文字样式
TR	TRIM	修剪
XL	XLINE	构造线
CHA	CHAMFER	倒角
DIV	DIVIDE	定数等分
POL	POLYGON	正多边形
REC	RECTANG	矩形
SPL	SPLINE	样条曲线
DAL	DIMALIGNED	对齐标注
DAN	DIMANGULAR	角度标注
DBA	DIMBASELINE	基线标注
DCO	DIMCONTINUE	连续标注
DDI	DIMDIAMETER	直径标注
DLI	DIMLINEAR	线性标注
DRA	DIMRADIUS	半径标注

参考文献

[1] 中华人民共和国住房和城乡建设部.房屋建筑制图统一标准：GB/T 50001-2017[S]. 北京：中国建筑工业出版社，2018.

[2] 中华人民共和国住房和城乡建设部.建筑制图标准：GB/T 50104-2010[S]. 北京：中国计划出版社，2011.